中西饮食文化比较

主　编　张　捷　李　悦

编　委　张　倩　倪琳娜　曹　莹　王宗忠

　　　　丁芝慧　李　敏　高宛芝

顾　问　黄　薇

上海交通大学出版社

SHANGHAI JIAO TONG UNIVERSITY PRESS

内容提要

本书从食材制作、餐桌礼仪、民俗禁忌比较了中西饮食文化的异同，分析了地理位置、气候特征、风俗习惯等因素影响下的中西饮食习惯的诸多差异，探讨了中西饮食文化之间的交流与影响，从食材、菜品、餐制和语言具体展示中西饮食文化间的交流及其产生的影响。

图书在版编目（CIP）数据

中西饮食文化比较/张捷,李悦主编. —上海:
上海交通大学出版社,2017(2020重印)
ISBN 978-7-313-17966-1

Ⅰ.①中⋯　Ⅱ.①张⋯　②李⋯　Ⅲ.①饮食—东西文化—比较文化　Ⅳ.①TS971.2

中国版本图书馆CIP数据核字(2017)第197759号

中西饮食文化比较

主　　编：张 捷 李 悦				
出版发行：上海交通大学出版社	地　　址：上海市番禺路951号			
邮政编码：200030	电　　话：021-64071208			
印　　制：江苏凤凰数码印务有限公司	经　　销：全国新华书店			
开　　本：880mm×1230mm　1/32	印　　张：5.375			
字　　数：96千字				
版　　次：2017年9月第1版	印　　次：2020年8月第4次印刷			
书　　号：ISBN 978-7-313-17966-1				
定　　价：39.00元				

Preface 序 言

孔子曰:"饮食男女,人之大欲存焉。"马斯洛的"需求层次论"中,人类最基本的需要是"生理需求",即食物、空气、水、穿着等维系生命和生活的必要因素。纵观古今中外,无论何时、何地、何人,都离不开食物,因为"人是铁、饭是钢",因为"民以食为天",因为"食、色,性也"。

从早期的猿人到如今的人类,从奴隶制社会到现代社会,从封建主义到资本主义,我们人类在发展、社会在进步、文化在传承,却从来都离不开一样东西——食物,那是生命延续的基本。因此,作为本套丛书的第一册,我们选择了"饮食"。

由于东、西半球的地理情况、气候特征、环境和人种等因素大不相同,所以东西方在饮食上有很大的差异,这也直接导致了生活方式和文化理念的各有千秋。

中国人的饮食是重视美味的感性饮食。"色香味俱全"是中国人对一道菜肴的最高评价。通过烹调,使各种食材相互补充、相互渗透,"调"出五味,展现味觉和视觉的双重美感。这也正体现了东方思想文化的一个内核——集体意识。个人的力量是渺小的,集体的力量是伟大的。中国人的饮食更关注吃饭的对象,超过了食物的本身。"吃饭谈生意"是司空见惯的现象,一桌子的菜,敬酒、劝酒此起彼伏。亲朋好友一次聚餐回来,有时都不知道吃了什么,主要是各种聊天。所以中餐馆会比较吵闹。

西方人的饮食是重视营养的理性饮食。更加注重原材料的本位,讲究科学和营养。蔬菜沙拉就是西方饮食中必不可少的一道前菜,而且大多数蔬菜用来生食,为了保持蔬菜的新鲜和养分。西餐厅相较于中餐厅总是比较安静,一人一份,各自享用各自的美食,偶有交谈,多是对于菜色的评价或观点的抒发。这正契合了西方思想文化的一个内核——个体意识。突出个性,注重自我。

"饮食"除了"吃"之外,还有"喝"。众所周知,茶和咖啡已经成为风靡全世界的两大重要饮品。而茶和咖啡也恰能很好的诠释东西方文化的特色。

中国是茶文化的发源地,茶在人们日常生活中有着举足轻重的地位。茶道是中国文化的重要组成部分之一。茶会越泡越浓、越泡越香,就如人生一样,经过岁月的锤炼才能更有意义。静下心来,细细体会茶香的沁人心脾。中国人就是那么含蓄、淡雅、感性。

咖啡对于西方人的重要性正如茶对于中国人一样。对于西方人来说,生活就像煮咖啡,冲泡过一次之后,就会失去原有的风味;而生活中所做的事情如果没有了原本的吸引力,还不如另换一种,重新冒险、重新品味。西方人就是那么热情、浪漫、理性。

不过,东西方人在饮食上有一个共同点:酒。俗话说:"无酒不成席"。世界上三大古酒:黄酒、啤酒、葡萄酒。由于地理原因,中国人最爱喝黄酒,西方人最爱喝啤酒和葡萄酒。中国人饮酒重视的是人,要看和谁喝,要的是饮酒的气氛;饮酒礼仪体现了对饮酒人的尊重。西方人饮酒重视的是酒,要看喝什么酒,要的是充分享受酒的美味;饮酒礼仪反映出对酒的尊重。

此外,宗教信仰的影响也不容忽视。信仰是一种精神上的力量,它从人们的内心来影响主观的意愿,从个体的变化来影响文化的发展。由于东西方的文化差异,一些饮食禁忌值得注意。不过,对食物的禁忌则从另一方面反映出了无论是中国人还是西方人,都十分尊重生命。

本书主要从中西食材、礼仪、禁忌三方面的对比,来讨论中西方饮食的不同,体现中西方文化的不同;而本书还有一个特色,即从日常生活中人们熟知的食材、菜品、餐制和语言来具体展示中西方饮食的交流及其带来的影响。中国文化是"情"的文化,西方文化是"理"的文化,而"情理"交融,才能共创更加和谐的社会、共筑更加美好的未来。

Contents　　目　录

第一章
中西食材制作比较

本章概述

古人云："民以食为天"，饮食在人类社会生活中占据着重要的地位。说到吃，我们最常讨论的就是"吃什么"和"怎么吃"。由于地理位置、气候特征、风俗习惯等因素的影响，中西方在饮食习惯上有着诸多的差异。

有这样一句调侃，"西方人吃肉，中国人吃草"。这句话基本概括了中西方在"吃什么"上的差异。历史上的中国，以农耕为主，自然环境条件优越，适合种植农作物，所以一直是以植物为主菜，以五谷杂粮为主食，肉类所占的比例比较小。米、面始终是主食，另外小米、玉米、荞麦、土豆和红薯等也在中国人的饮食中占有一席之地。各种面食、如馒头、面条、油条以及各种粥类、饼类和变化万千的小吃使得人们的餐桌丰富多彩。在中国"菜"为形声字，与植物有关。在中国人的菜肴里，素菜是平常食品，据西方植物学者的调查，中国人吃的蔬菜大约有600多种，要比西方国家食用的蔬菜种类多6倍。当畜牧业逐渐发展起来以后，肉食品也开始进入中国人的餐桌，较为常见的肉食品就是猪肉，其次是牛肉和羊肉，但只有在节假日或生活水平较高时，才进入平常人的饮食结构，所以自古便有"菜食"之说。菜食在平常的饮食结构中占主导地位。《国语·楚语》中说："庶人食菜，祀以鱼。"也就是说，普通人均以蔬菜作为主要的食物，只有在祭祀的时候才用到鱼等肉食品。

西方人由于其最初的游牧生活方式，大多以畜牧业为主、农业为辅，动物的养殖技术较高，各种动物的原料品种多、质量好、产量大，价格相对较低，而农产品的品种则较少，且产量不稳定，所以在饮食上一直以肉类为主。我们一听到西餐，就会联想到牛排、炸鸡、牛奶、黄油、奶酪等。然而，随着营养学的发展和西方种植产业的不断发展，现代西方人也大量使用富含维生素的果蔬类产品。但是，为了保持蔬菜的养分，西方人把很多蔬菜用来生食，蔬菜沙拉就是西方饮食中一道必不可少的前菜。虽然在西方国家，米、面是副食，但西方人的一日三餐却都离不开米、面食品。在法国，几乎每一餐都有面包，在意大利，通心粉和披萨饼人人喜爱。许多西方人还经常吃挞、派、馅饼等食品，品种众多，别有风味。

中式饮食制作被称为"烹调"。"烹"就是将食物加工成熟，重点在于如何"调"出五味。中国的烹饪技术使很多外国人都赞不绝口，关键就在于它的美味，而美味的产生关键就是调和，使之相互补充、相互渗透。中国的烹饪，不仅要求技术精湛，而且有讲究菜肴味觉和视觉的美感。"色香味俱全"是中国烹饪对一道菜肴的最高评价。"香"从嗅觉上指诱人的菜肴气味，从味觉上讲是口感好，饱口福。"色"指赏心悦目的色彩搭配，各种原材料要搭配得相得益彰才能显示出菜肴的美感。但一谈到营养问题，我们很多传统食品要经过油炸或是长时间的炖煮，使菜肴的营养成分受到破坏，许多营养成分都流失了。中国人对美味的追求也会造成控制不住的暴饮暴食，却忽视了食物本身的营养问题，这说明了中国人的饮食是重视美味的感性饮食。

西方人的饮食重科学，讲究营养，更重原材料的本位，体现出西方文化中"突出个性、注重自我"的个人主义价值观。他们饮食的最高标准就是营养，日常饮食总是要考虑到蛋白质、脂肪、维生素等搭配是否合适，是否能被人充分吸收消化，而饭菜的色、香、味如何，他们一般很少会过多考虑，即便口味千篇一律，让人看着没有一点食欲，但他们也会吃下。例如一份西式早餐，通常就是一杯牛奶加燕麦片、两片熏肉、涂有果酱的面包、一个煎蛋。经过科学检测：热量适中，营养齐全。虽然西方人在宴席上，也讲究菜的原料、形状和颜色等方面的搭配，但是无论如何高档，他们的牛排都只有一种味道，虽然一些菜肴的色彩搭配得很好，但是各种原料互不相干，各有各的味。西餐菜肴制作中选料严谨，一般选用品质、质地都上乘的原料制作食物，不使用动物的内脏制作菜肴，也不使用家禽的头、爪制作菜肴。鱼类菜肴制作一般用海鱼，不使用鱼刺多的江、湖、河里产的鱼类，特别是不食用无鳞的鱼类。我们从来没有听到西方人吃西餐要趁热吃，这说明西方人不太在乎食物的味道，但他们更注重科学的营养搭配，可以说是一种理性的饮食。

第一节 主食面点

（一）稻 米 之 香

1. 中国米食

俗话说开门七件事："柴、米、油、盐、酱、醋、茶"。唐朝诗人李绅所写的悯农诗："锄禾日当午，汗滴禾下土；谁知盘中餐，粒粒皆辛苦。"也是朗朗上口的唐诗之一。这都体现了中国人对于米的重视程度。稻米是人类最重要的粮食作物和主食之一，而我国是全世界水稻栽培最早的国家，早在7 000年前，长江流域就开始种植水稻。每年春天，稻子从一丛丛青翠的秧苗，到秋天变为沉甸甸的金黄稻谷，充满了收获的幸福和喜悦。按照各地的饮食习俗，人们做成吃法多样、口味丰富的米食。现在大米已经成为长江流域及以南地区人民的主粮。

在中国神话里，有不少稻米在人类濒临饿死之际拯救了他们的例子。例如，观音菩萨怜悯那些挨饿的人民，因而挤出自己的乳汁，乳汁流入了原本空无一物的稻穗中，成了谷粒。由于用力挤压，血也随着乳汁流入某些稻株中。据说，这就是为什么会有红、白两种稻谷的原因了。另一个中国神话讲述了一次大洪水之后,只有极少数的动物存活了下来,人们几乎捕猎不到任何食物。有一次当他们寻找食物时,看见一只狗朝他们走来,尾巴上挂着好几束长长的黄色种子。人们便种下了这些种子,种子长成稻谷,永远消除了他们的饥饿。

在近万年的水稻耕作与收获过程中,人们逐渐掌握了自然季节的规律,在不同的季节食用相应的米食,与之相应的是不同的节日习俗(见图1-1)。

烧饭通常的方法是煮、蒸或者炒。煮饭是一种普遍而日常的方法,做法也很简单,就是将米放在略多一些的水中慢煮。如果放的水更多,煮的时间更长,就做成了稀饭(粥)。此外,将铺满板条的蒸锅放在装满水的容器上进行蒸,是另一种普遍的烧

图1-1　中国端午节习俗之包粽子

饭方法。《诗经》上写道："释之溲溲，蒸之浮浮。"可见古人也吃蒸饭。最后一种方法则是炒饭，但是先要把米煮成饭，冷却后再炒。在炒饭中，人们通常还会加入一些菜肴和鸡蛋进行搭配。炒饭制作方便，耗时也较少。

节日名称	米食名称	活　　动	传　说	寓　意
春　节	年　糕	祭祖、吃年糕	纪念伍子胥	年年高，幸福安康
元宵节	汤　圆	看灯展、吃元宵	楚昭王喜之	阖家团圆，幸福美满
端午节	粽　子	赛龙舟、挂蒿草、吃粽子	纪念屈原	缅怀刚正气节
重阳节	重阳糕	登高、赏菊、饮酒	恒景除瘟疫	孝敬老人、长寿健康
送灶节	腊八粥	祭祖、喝腊八粥	送灶君	养生保健、返璞归真

在中国南方地区也有一种非常流行的米食——米粉。米粉是什么呢？其实它是以大米为原料，经过浸泡、蒸煮和压条等工序制成的条状、丝状的米制品，而不是简单地理解为用大米研磨成的粉。关于米粉的起源也有很多种说法，一种是传说在古代中国五胡乱华时期，北方民众避居南方而产生的类似面条的食品；另一说法是秦始皇攻打桂林的时候，由于北方的士兵在桂林作战，吃不惯南方的米饭，所以就想出了一个办法，用米磨成粉状并做成面条的形状，来缓解士兵的思乡之情。纪录片

《舌尖上的中国》有一集专门拍摄了一家典型的中国南方米粉作坊,提到了作坊主人做米粉的步骤(见图1-2):把浸泡后的新鲜大米磨成米浆,随后舀浆、上笼,米浆在沸水中用旺火蒸熟,然后晾凉,收存,洁白如玉的米粉还留有余温,在雾气缭绕中散发着独特的稻米清香。当地人最喜欢吃的就是汤粉,细腻的米粉,配以火辣的肉汤,一日三餐都可以作为主食。

图1-2　米粉制作步骤:舀浆、上笼、晾凉、收存

2. 意式焗饭

有人说世界上最爱吃稻米的民族,除了中国人,就是意大利人了。意大利有一道经典美食——意式焗饭(见图1-3)。焗,就跟

图1-3　意式焗饭

蒸、煮、烤、炸一样,都是一种制作工艺,是以汤汁和蒸汽作为导热媒介,将经过腌制的食材或半成品加热至熟的烹调方法。焗需要用专用的焗炉烤制而成,相较于其他的制作手法,焗更能保留食物的原汁原味,更能挖掘食物的营养价值。焗饭,是一种被浓香芝士覆盖着的食物,是芝士与米饭的完美结合,按照一层米饭、一层酱汁、一层奶酪进行搭配。出炉后的奶酪浓香美味,甘甜四溢,下面的酱汁和米饭也毫不逊色,卖相好味道好,不禁让人感慨"此物只应天上有,怎会坠落到人间"。

3. 西班牙海鲜饭

提到西方的经典饭食,怎么能少得了招牌的西班牙海鲜饭(见图1-4)?传说在15世纪,哥伦布航海时曾遭到一次飓风袭击,逃生到一个小岛上,当地渔民用海鲜和米饭做了锅大杂烩,救了饥寒交迫的哥伦布一命。后来哥伦布回到西班牙后,跟国王说起这件事,国王就命令宫廷御厨到小岛学做海鲜饭,以后王宫里就用海鲜饭招待最尊贵的客人。就这样,海鲜饭从渔民的餐桌搬到了国王的宴席上,并渐渐成了西班牙的"国饭"。西班牙海鲜饭与中国炒饭的做法完全相反,米先炒,然后再煮。大米选用的是西班牙艮米,地道的口感是夹生(半生不熟的口

感）。这道饭最重要的原料
是藏红花，缺了这个就不能
称为西班牙海鲜饭，只能叫
海鲜炖饭。藏红花原产欧
洲南部，是地中海地区和
法国、英国等地烹调饮食
的常用香料。藏红花有种

图1-4　西班牙海鲜饭

很特殊的香气，只需要一点点，就可以把米饭染成金黄的颜色，
既漂亮又能激发人的食欲。出炉后的海鲜饭米粒吸满汁水，显
得饱满晶莹，拌着丰富的海鲜，芳香四溢，嚼感十足，令人馋涎
欲滴。

4. 日本寿司

寿司又称"四喜饭"，是日本米饭的代表。日本的大米，营
养丰富，质量上乘，煮出的饭形似珍珠，芳香四溢。寿司作为日
本料理中独具特色的一种食品，种类也很多，按照制作方法的不
同，主要可分为生寿司、熟寿司、压寿司、握寿司、散寿司、棒寿
司、卷寿司等等。现代日本寿司大多采用醋拌米饭的方法来加
工其主料，而且由于米饭中一般要加入四种以上的调料，所以寿
司才有"四喜饭"的称呼。寿司常用的主要原料首先是寿司米，
也就是日本粳米。这种米的特点是色泽白净，颗粒圆润，用它煮
出来的饭不仅弹性好、有嚼头，而且有较大的黏性。其次是包卷
寿司的外皮所用的原料，要选用优质的海苔、紫菜、鸡蛋卷皮、豆

图1-5　海鲜握寿司

腐皮等。最后是寿司的馅料,所用的原料有海鱼、蟹肉、贝类、淡水鱼、煎蛋和时令鲜蔬菜等等,种类丰富多彩,也最能体现寿司的特色(见图1-5)。正宗的寿司可以有酸、甜、苦、辣、咸等多种风味。因此,吃寿司时,应根据寿司的种类来搭配佐味料。例如,吃握寿司时,因为馅料里有生鱼片、鲜虾等,就需要蘸酱油并加适量芥末;而吃卷寿司时最好就不要蘸酱油,这样才能吃出它的原味。除了酱油和芥末,寿司还有更重要的佐味料——醋姜。吃寿司时加一片醋姜,不仅有助于佐味,而且能使寿司变得更加清新味美。

(二)特色面食

除了米食之外,中国人最爱吃的就是面食了。虽然中国有南稻北麦的农业分布,造成了南方人爱吃米、北方人离不开面食的现象,但伴随着南北的交流融合,人们的饮食习惯也出现了变化。现在无论在南方还是北方,馒头、面条、饺子、饼类等都备受人们喜爱。传统的发酵面食风味多样、营养价值丰富,是人们主食的最佳选择之一。而西方也有不少特色面食。

1. 面条大不同

面条是中国人吃得最多的面食之一。百里不同风，千里不同俗，每个地区的面食都不一样：兰州拉面、北京炸酱面、山西刀削面、四川担担面、吉林延吉冷面、河南烩面、杭州片儿川、昆山奥灶面、武汉热干面和镇江锅盖面，我国种类繁多的面条做法不由让人感到惊讶和赞叹。人们根据祖辈传承下来的技术和自己的喜好，以丰富的想象力和创造力让面食呈现出千姿百态的样貌和变换无穷的口感，形成了带有地方特色的面食文化。

提到面食文化，就不得不说陕西这座面食王国了。陕西人有着浓厚的面食情结，"从最日常的馒头、锅盔、面条、到肉夹馍、羊肉泡，再到花样百出的各色小吃，共同奠定了陕西这个面食王国难以撼动的基石。"这是纪录片《舌尖上的中国》给予陕西面食的高评价（见图1-6）。陕西面食中，岐山臊子面可谓历史悠久。一个地道的岐山人，一生不知道要吃上多少碗臊子面，祖祖辈辈都是如此。臊子面与岐山人的生活密不可分，从某种程度上可以说，岐山人是吃臊子面长大的。所谓臊子，就是用肉丁炒制的配料。岐山臊子的制作更为讲究，以"薄筋光、酸辣汪"著称。薄，指面擀的要薄如纸，肉丁要切得薄而匀；筋，指面吃起来要劲道，不能太硬又要有嚼头；光，是指要有光滑爽口的口感。酸，指所选的醋要讲究，酸的要有味道；辣，是要选上好的辣子；汪，就是指油要色泽油亮，又不能太腻。臊子面的配菜

图1-6　陕西经典美食——肉夹馍、羊肉泡馍、臊子面

讲究五色,木耳豆腐寓意黑白分明,鸡蛋象征富贵,红萝卜寓意日子红火,蒜苗代表生机勃发,红黄绿白黑五种颜色代表了岐山人对生活的美好祝福。几千年来,臊子汤在岐山村村落落的面锅里翻滚着,岐山臊子面更成为一种精彩绝伦的艺术品。

在中国,人们通常会在生日的时候吃长寿面。那么你知道为什么过生日要吃面?面条是怎么成为中国人贺寿的象征的呢? 相传,汉武帝崇鬼神又信相术。一天与众大臣聊天,说到人的寿命长短时,汉武帝说:"《相书》上讲,人的人中越长,寿命越长,若人中1寸长,就可以活到100岁。"坐在汉武帝身边的大臣东方朔听后就大笑了起来,众大臣莫名其妙,都怪他对皇帝无礼。汉武帝问他笑什么,东方朔解释说:"我不是笑陛下,而是笑彭祖。人活100岁,人中1寸长,彭祖活了800岁,他的人中就长8寸,那他的脸有多长啊。"众人也大笑起来,看来想长寿,靠脸长长点是不可能的,但可以想个变通的办法表达一下自己长寿的愿望。脸即面,那"脸长即面长",于是人们就借用长长的面条来祝福长寿。之后这种做法又逐渐演化为生日吃面条的习惯,称之为吃"长寿面",并且一直沿袭至今。

面食在西方国家也有着悠久的历史,并且花样繁多,是西方饮食的重要特色之一。前面提到面条是中国面食的代表,而西方最有名的是意大利面。关于意大利面有一个争论,那就是它是否由中国面条发展而来呢? 有些中国人认为,马可·波罗将中国面条带到了意大利后,受到该国人的喜爱,从此扎根下来,并发展至今。而有些意大利人则坚持认为,马可·波罗去中国之前,意大利人已经会做这种面食了。有关意大利面的起源,有这样一个传说:当年,罗马帝国为了解决人口多、粮食不易保存的难题,想出了把面粉揉成团、擀成薄饼再切条晒干的妙计,从而发明了意大利面。最初的意大利面都是这样揉了切、切了晒,吃的时候和肉类、蔬菜一起放在焗炉里做,因此当年在意大利许多城市的街道、广场上，随处可见擀面条、晾面条的人。

不过不管意大利面的根到底在哪里，今天的意大利面品种之多，让中国人也感到眼花缭乱。就形状而言，细长的面条还有圆扁、宽窄、粗细、空实之分；除此之外，粗管形、细管形、耳朵形、贝壳形、螺旋形等也是各有特色。面条的颜色，除了本色外，还有红、黄、绿、黑各种颜色。红色面是在制面的过程中，在面中混入红甜椒或甜椒根；黄色面是混入番红花蕊或南瓜；绿色面是混入菠菜；黑色面堪称最具视觉震撼，用的是墨鱼的墨汁。所有颜色皆来自自然食材，而不是色素。当然大家都知道，吃意大利面必须有酱料来配，意大利面的酱料基本有三种，分别是以番茄为底的酱汁、以鲜奶油为底的酱汁和以橄榄油为底的酱汁。这些酱汁还能搭配上海鲜、牛肉、蔬菜，或者单纯配上香料，变化成各种不同的口味（见图1-7）。意大利面条和中国面条最大的区别之一就在于，意大利面煮到硬硬的带点嚼劲即

图1-7　意大利肉酱面

可。这其中是有道理的，酱料要能挂在面上，这样每吃一口才能既吃到酱，又吃到面。反之则很有可能我们把面吃完了，碗里还剩下一堆酱料。所以一定要注意，在煮意大利面时别煮烂了，如果面煮得太烂，就挂不上

酱料了。

2. 三明治与肉夹馍

Sandwich原本是英国东南部一个不出名的小镇,镇上有一位名叫John Montagu的人,他酷爱玩纸牌,整天沉溺于纸牌游戏中,到了废寝忘食的地步。仆人很难侍候他的饮食,便将一些菜肴、鸡蛋和腊肠夹在两片面包之间,让他边玩牌边吃饭。没想到John见了这种食物大喜,并随口就把它称作"sandwich",饿了就喊:"拿sandwich来!"其他赌徒也争相仿效,玩牌时都吃起三明治来。不久,三明治就传遍了英伦三岛,并传到了欧洲大陆,后来又传到了美国。

如今的三明治已经不再像当初那样品种单一,它已经发展了许多新品种。例如,有夹鸡或火鸡肉片、咸肉、莴苣、番茄的"夜总会三明治",有夹咸牛肉、瑞士奶酪、泡菜并用俄式浇头盖在黑面包片上的"劳本三明治",有夹鱼酱、黄瓜、水芹菜、西红柿的"饮茶专用三明治"等等。在法国,制作三明治时往往已不用面包片,而是改用面包卷或面卷。以法国长棍制成的三明治还被称为"潜艇包"(见图1-8)!

图1-8　潜艇包

与三明治的制作类似,中国人也把切碎的肉块夹在两块面饼中间,制成一种特色美食。这就是肉夹馍。肉夹馍的历史可追溯到盛唐时期，比"三明治"还早千余年。

　　腊汁肉夹馍是陕西省西安市著名小吃。据史料记载，腊汁肉在战国时被称为"寒肉"，当时位于秦晋豫三角地带的韩国，已能制作腊汁肉了，秦灭韩后，制作工艺传进长安。1925年，樊凤祥父子俩首创腊汁肉夹馍，至今已有90多年历史。腊汁肉夹馍于1989年参加商业部"金鼎奖"评选活动，被评为部优产品。20世纪30年代樊凤样父子在西安南院门卢进士巷口一带摆摊，他们非常重视腊汁肉的制作技艺和质量，当时煮肉用的汤，据说是从清末一个名叫毕仁义的小贩的作坊里买来的，而毕仁义的陈年老汤则是他曾祖父传下来的。因此，樊家的腊汁肉风味独特，经过不断的改进完善，精益求精，入口即化，又用俗称"两张皮"的白吉馍夹着吃，更是别具风味。地道的腊汁肉色泽红润，酥软香醇，肥肉不腻口，瘦肉满含油，配热馍夹上吃，美味无穷。于是"樊记腊汁肉夹馍"在西安的名气越传越远。有许多来西安探亲或观光旅游的华侨及港、澳、台同胞，临上飞机时都会匆匆赶到店里买些腊汁肉，带回去给亲朋好友品尝（见图1-9）。

　　有人把肉夹馍比作西安人古老的"三明治"，可以说肉夹馍是中式三明治，

图1-9　腊汁肉夹馍

而三明治是西式肉夹馍。肉夹馍所用的"白吉馍"是用半发开的面，团捏成饼，在火炉里烤熟的。因制饼时用了特殊的手法，用刀轻轻划开，其内部竟天然地一分为二，只需把腊汁肉切碎了向里填充就行了。类似的，三明治也是以两片面包夹几片肉和奶酪、些许生鲜蔬菜及调料即可轻松制作而成。可见二者都是快餐美食，方便快捷。相较而言，三明治所含营养更多样，而肉夹馍的口感更醇厚鲜香。

思考题

中西方都有悠久的面食文化，其品种之多令人惊讶。请你列举更多中西方特色面食名称，并能找出其中相似的面食进行比较（例如：中国的馅饼和意大利的披萨饼）。

第二节 素食蔬菜

蔬 菜 种 类

蒜薹青青细又长，	韭菜长得似麦苗，	番茄人人爱，
茄子身穿紫衣裳，	身子细细很苗条，	个个红又圆，
柿子高高像灯笼，	风儿姑娘来问好，	看起来像灯笼，
土豆地下捉迷藏，	他们乐得把头摇。	吃起来酸又甜。
白菜娃娃地上坐，	小辣椒，真漂亮，	胡萝卜，地下长，
黄瓜越老皮越黄，	穿红戴绿俏模样，	身子细长好营养，
红绿黄紫真好看，	有的细长脑袋尖，	维生素有ABC，
菜园一片好风光。	有的胖胖肚子圆。	多吃身体长得壮。

　　小时候，父母和老师们为了让我们这些调皮的孩子能记住各式食物，常常想着法儿地把餐桌上经常吃到的菜编成童谣，一遍一遍地念给我们听。那些高的矮的胖的瘦的蔬菜，伴着亲人们抑扬顿挫的音调，慢慢地在我们脑海中生根发芽。中国那么大，各地的童谣或许不太一样，可这种教育方式一代代留传下来，丰富了我们的文化形式。

在中国，蔬菜的种类丰富，从南到北，由西往东，各地人民餐桌上的蔬菜都有着截然不同的品种。和西方人比起来，我们中国人的口富真是不浅！也许你会问，如果把那些西方国家的土地面积加起来可比我们960万平方公里还要大很多哩，为什么我们的蔬菜品种会比西方人多呢？那可要归功于中国人爱吃、会吃、敢吃的精神。

明末清初文学家李渔（见图1-10）素来崇尚"快乐主义"，其在《闲情偶寄》卷五中曾写道：

声音之道，丝不如竹，竹不如肉，为其渐近自然。吾谓饮食之道，脍不如肉，肉不如蔬，亦以其渐近自然也。草衣木食，上古之风，人能疏远肥腻，食蔬蕨而甘之，腹中菜园，不使羊来踏破，

图1-10　李渔

是犹作羲皇之民，鼓唐虞之腹，与崇尚古玩同一致也。

这段文字说的是声音的基本理念，弹弦不如吹奏，吹奏不比歌唱，这是因为它一步步更加合乎天地万物自在生长的道理。同理，饮食的基本原则应是脍不如肉，肉不如蔬，也是因为它一步步更加合乎天地万物自在生长的道理。以草为衣，以木为食，上古之风俗，人能疏远肥腻的食物，只吃蔬菜而感到甘甜，不使腹中的蔬菜受肉腥践踏。这就如同做了伏羲氏时代的百姓，像唐尧、虞舜时代那样吃饱肚子，这与崇尚古玩是同样的趣味。由此可见在中国，人们认为食用蔬菜能够去除身体中的杂质，符合万物的生长规律。

（一）中 国 野 菜

自明清起，人们就开始丰富餐桌上蔬菜的品种，将目光转向野外，寻求野味。时至今日，很多野菜早已成为中国人餐桌上的一道家常菜。最具代表性的就是马兰头（见图1-11）。马兰头生于路边、田野、山坡上，在中国绝大部分地区都可以找到，具有清热解毒、利湿消食的作用。中医上常用马兰头治疗慢性气管炎和咳嗽，具有一定的效果。日常生活中，马兰头可以清炒，亦可和鸡蛋搭配在一起炒。而下馆子时，最常见的莫过于香干马兰头这道冷菜了（见图1-12）。将马兰头放入开水中焯烫约

图1-11　马兰头

图1-12　凉拌马兰头

1分钟,捞出晾凉后沥干水分切成末,拌入香干末,调入各式佐料,按压成型摆上桌。清香可口的凉菜既开胃又健康,深得人们的喜爱。

　　鱼腥草又名折耳根,在长江以南广大地区的水田里都可以找到,为云南、贵州、四川人最爱。鱼腥草因其具有增强免疫力、抗菌消炎、利尿等作用,也被收录为中药。日常生活中,鱼腥草常用来凉拌或煲汤。由于鱼腥草具有强烈的腥臭味,有些人并不能接受,觉得像是生吞一条鱼,满口腥味,但爱吃的人觉得它回味清香,凉拌、炒、烫、火锅,不同做法口感略有不同(见图1-13)。

　　香椿分布在长江南北的广泛地区,是这一带人们钟爱的野菜之一。香椿树高达10米,可用作园林美化。每年春季谷雨之后,香椿树纷纷发芽,人

图1-13　凉拌鱼腥草

图1-14　香椿嫩芽

图1-15　车前草

们取香椿芽做成美味佳肴(见图1-14)。香椿芽性凉,味苦平。清热解毒、健胃理气、润肤明目、杀虫。主治疮疡、脱发、目赤、肺热咳嗽等病症。将香椿芽切末后拌入蛋液可做成香椿蛋饼,与豆腐相拌则是又一道开胃凉菜。

车前子又名车前草(见图1-15),生长在山野、路旁、花圃、河边等地。根茎很短,叶片呈椭圆形锯齿状边,中间有一根长柄高出于叶片,特别容易识别。车前子性微寒,味甘。清热利尿、渗湿止泻、明目、祛痰,是上好的中药药材。人们常在春季或夏季采集幼苗及嫩株,洗净后用开水烫熟,捞出切碎,加盐、味精、蒜泥、醋、香油或花椒油凉拌食;或加入到排骨汤中做汤食用;或拌入肉馅及调味品做馅,可蒸包子、煮饺子、烙馅饼等,其馅十分鲜嫩。

蒲公英也是中国人餐桌上十分重要的野菜之一。我们认识蒲公英大概是从孩提时的一首儿歌开始的:"一个小球毛茸茸,好像棉絮好像绒,对它轻轻吹口气,许多伞兵飞天空。小伞兵啊小伞兵，飞到西来飞到东。
待到明年春三月，路旁开满
蒲公英。"歌中的蒲公英严
格上来讲，是蒲公英的种子。
而去除种子之外的部分，就
是可食用的野菜。凉拌蒲公

图1-16　凉拌蒲公英

英（见图1-16）、蒲公英炒鸡蛋、蒲公英包子，蒲公英水饺，蒲公
英茶等五花八门的菜式充分说明了蒲公英这种野菜的受欢迎
程度。

　　在国内，广受好评的野菜种类远远不止这些。56个民族，
34个省级行政区，跨越北纬50个度的这片广袤无垠的土地，为
中华饮食文化提供了巨大的表演舞台。俗话说"西方人吃肉，
中国人吃草。"中国人民对于蔬菜的热爱和挖掘蔬菜品种的热
情还将持续影响着一代又一代人。

（二）西方蔬菜

　　在西方，人们对于蔬菜种类的的开发并没有中国人那么高
涨的热情。除了番茄、生菜、洋葱、茄子、白菜、葱、胡萝卜、菠菜、
菜花之外，我们比较陌生的品种并不是很多。

　　洋蓟，英文名artichoke（见图1-17），是一种在地中海沿岸
生长的蔬菜，有着"欧洲蔬菜之王"的美誉。最早食用洋蓟的大

图1-17　洋蓟

图1-18　切开的洋蓟

图1-19　被掰开的芽球菊苣

概是2 000多年前的罗马人。16世纪的欧洲,洋蓟是只有皇家和贵族才能够享用的高级菜肴。据说,西方上流社会通过观察一个女人懂不懂吃洋蓟,吃得优不优雅来判断她是否能做儿媳妇。洋蓟虽然长得像莲花,但是外边的花瓣很硬很硬。食用时应把最外面几层太老的花瓣去掉,把顶部尖尖的部分剪掉。用牙齿轻咬洋蓟多汁的肉的过程,会让你感觉享受极了! 由此可见,这"莲花"般的蔬菜真是充满魅力呢(见图1-18)!

芽球菊苣,英文名chicory,原产于地中海沿海地区,是欧美市场畅销的高档蔬菜,被誉为"欧洲蔬菜王子"。芽球菊苣是由菊苣根经矿泉水软化栽培后萌发的嫩黄椭圆形的芽球。其营养丰富,可生食凉拌或做色拉。把菊苣掰开看,特别像是一朵白莲花(见图1-19)。

芝麻菜，英文名rocket salad（见图1-20），产于东亚和地中海地区。因为具有很浓的芝麻香味，所以叫作芝麻菜。芝麻菜常用于沙拉中，混合其他蔬菜，增加沙拉的

图1-20　芝麻菜

口感和丰富度。也可加入肉汤中，颇有一番风味。芝麻菜的种子可以榨成油，就是我们俗称的芝麻油。虽然中国民间有一小部分人也有采摘和食用芝麻菜的风俗，但西方对于芝麻菜的食用更具规模。芝麻菜是西方人的日常食用蔬菜之一。

罗勒，英文名basil（见图1-21），分布在欧洲、太平洋群岛、北非和亚洲。罗勒品种不同，散发出来的香味也各有不同。大多数罗勒都带有丁香的味道，也有略带薄荷味的，甚至有带一点辣味的。据说在印度罗勒被视为神圣之物，在法庭上发誓的时候，必须以它为誓。印度人认为佩带罗勒叶片可以避邪。《十日谈》中记载着这样一个传说，一个女孩爱上了一个男孩，女孩的三个哥哥却心狠手辣，把男孩杀死在荒郊野外。女孩伤心欲绝，把男孩的头带回家，藏在罗勒根下。食用罗勒通常是将它搭配意面（见图1-22），或做成罗勒酱搭配任意一种菜式。

图1-21　罗勒

图1-22 罗勒海鲜意面

图1-23 培根芦笋卷

芦笋,英文名asparagus,原产于地中海东岸及小亚细亚,至今欧洲、亚洲大陆及北非草原和河谷地带仍有野生种。芦笋以嫩茎供食用,质地鲜嫩,风味鲜美,柔嫩可口。它的嫩茎中含有丰富的蛋白质、维生素、矿物质和人体所需的微量元素等,对人体许多疾病有很好的治疗效果,甚至能够治疗白血病和癌症。因此,芦笋在国际市场上享有"蔬菜之王"的美称。西方人对芦笋十分喜爱,在许多料理中都会运用芦笋和其他菜做搭配,最常见的莫过于培根芦笋卷(见图1-23),其制作方法简单,味道鲜美,广受好评。

(三)烹调方式

烹调是一门艺术,不同地区的人们对这种艺术的表现形式也各不相同。电影《满汉全席》中提到中式菜肴追求"色香味形意"的结合。色,指的是菜肴的颜色要吸引人;香,指的是菜肴需香气扑鼻；味，当然是指味道可口；形，指的是菜肴的摆盘要考究；意，则是"色"和"形"的升华，讲求菜肴是否能体现出中华民族的文化内涵，而在这方面，对菜名的要求就显得尤为重要。在中国，每道菜按照什么顺序，下多少调味料，用多大的火候都无法精确计算，每个厨师都是凭借自己多年的经验来烹饪。无论如何，最终的成品都向着"色香味形意"的目标靠近。

西方的烹调，从电影《美味情缘》里可以一探究竟。西式厨房展现给人干净整洁明亮的样貌，厨师严格的执行菜谱，从原材料和调味品的重量到火候的掌控再到烹饪时间都把控得十分精准。虽然厨师不同，但同一道菜肴的口味并不会有明显的差别。

如何把蔬菜做得好吃？如何让蔬菜给人最大的味觉享受？中式烹调对"调"——调味——的追求更胜一筹。而调味，讲求的不仅仅是调料的比例，更是五花八门的烹饪手法。如何挑选蔬菜，如何处理蔬菜，选用何种方式烹饪都是一门学问。单说番茄，既可凉拌，也可热炒，还可烧汤，带给食客的味觉体验都完全不同。总体而言，蔬菜的做法可分为凉菜和热菜两大类，而热菜中又可分出煮，蒸，炒，炸，烤，焖，炖等做法。

1. 中式：凉菜

凉菜，是将熟食食物或蔬果切好后，加入调味料搅拌均匀的烹调方法。凉拌菜在夏季尤为受欢迎。炎热的气温常常使人食欲低下。此时，食用蔬菜则是最好的选择，而凉拌蔬菜又是上乘之选。蔬菜本身可以去除油腻,而经凉拌之后,更加清淡爽口,提高人们的食欲,开胃下饭。凉拌菜的做法可分三种:第一种,适宜直接生吃的蔬菜。这一类蔬菜的共同特点是有甘甜的滋味及脆嫩口感,加热则会破坏它的养分和口感,所以只需洗净拌入调味料即可,例如萝卜、番茄、黄瓜等;第二种,需要焯一下蔬菜。这一类蔬菜通常含有某种物质需经热水烫焯后才更易于人们消化吸收,例如菠菜、竹笋、芥菜等。而野菜也须焯一下才能去除尘土和小虫;第三种,煮熟才能吃的蔬菜。这类蔬菜中的某种物质必须煮熟后才能被人体消化。因此这类蔬菜做成凉菜需要经过煮熟、晾凉的步骤,例如土豆、豆芽、四季豆等。凉菜的搭配可以单一品种的蔬菜单独成一道菜(见图1-24),也可不同品种搭配在一起(见图1-25)。

图1-24　桂花山药

图1-25　凉拌三丝

2. 中式:热菜

1) 煮

煮,是将食材放入汤汁或者清水中烧熟,可加入适量调味料。

煮的时间比炖少,可在很大程度上保留食材原本的味道,不破坏它的营养价值。中餐里,常见的清水煮蔬菜包括水煮西兰花、水煮青菜、水煮南瓜等。这类蔬菜本身的味道或清爽或甘甜,加入清水烧熟或

图1-26 水煮杏鲍菇

放入少许盐,即可做成一道美味的菜肴。而靠重味汤汁煮出来的蔬菜菜肴有水煮千张、水煮杏鲍菇(见图1-26)等,这类蔬菜原味较淡,需要靠汤汁的味道提鲜。

2)蒸

蒸,是将经过调味后的食材放入蒸笼中,利用蒸汽将其热熟。中国是世界历史上第一个利用这种方法制作菜肴的国家。这种烹饪手法便于保留食物最佳的造型,并且由于加热过程中水分充足,能够使食材质地细腻,口感滑软。在蒸的过程中,火候的大小以及对蒸汽的控制都会影响成品的味道。美食家们通常对蒸食材的器皿选择十分考究,不同的食材搭配不同的器皿,能够将食材各自独特的味道特点发挥到极致。例如竹笼蒸娃娃菜(见图1-27)。

图1-27 竹笼蒸娃娃菜

图1-28　从上至下：清炒菜心，蒜蓉菜心，白灼菜心

3）炒

炒，是最普遍的一种烹饪方法。它利用油为导热体，将食材快速加热制熟，再配以佐料，制作成可口的菜肴。在蔬菜的炒制中，有清炒，有白灼，有蒜泥等。不同的佐料能够使同一种食物散发出不同的口感享受。如清炒菜心，清脆爽口；蒜蓉菜心，去除土味；白灼菜心，在保留原有的清脆口感上，更提鲜（见图1-28）。炒制蔬菜时，食材的搭配可单一也可多种混合。我国东北地区有一道传统的家常菜叫地三鲜，选用土豆、茄子、青椒这三种时令蔬菜，通过热油锅炒制成熟。三种蔬菜不仅天然美味，更富含多种营养，制作方法简单易上手，使人们百吃不厌。

4）炸

炸，是一种在无论中西方都十分普及的烹饪方法。将食材浸入热油中，快速加温至熟。亚洲一些国家尤其热爱炸蔬菜，如韩国、日本。中国的饮食文化中,油炸对于蔬菜的处理并非主流,但不乏有一些蔬菜非常适合这种料理方式。然而,中餐的油炸中使用油的分量并没有西餐中多。中餐更青

图1-29　炸茄盒

睐用小火慢炸,使食物的香味飘散出来,符合中餐追求色香味俱全的概念。如炸茄盒,炸花生,炸春卷等(见图1-29)。

5) 烤

烤,是将调味后的食材放置在烤具上部或内部进行加热。中国人最熟悉的莫过于夜市中的烧烤。烤土豆片、烤韭菜、烤茄子、烤金针菇等等,菜式丰富齐全。而家常菜中,对于蔬菜用烤的形式进行加热并不常见。一是由于调味的过程耗时过长,二是因为中餐里使用的炒菜锅是半圆形结构,并不适合食物的烤制,加热不均匀,操作起来不便捷。

6) 焖

焖,原义指盖紧锅盖,用小火将食材加热至熟。焖制并不能代表将食材烧熟的全过程,焖制的食物须先用热水焯烫或用热油炒熟后再加盖焖烧,这样做出来的食物更加细腻入味。焖通常用适用于质地偏硬的蔬菜,如萝卜、土豆等,也可见油焖茄子。讲究一点的话,厨师会将食材在锅中烧好后放入高压锅、焖烧锅或砂锅中进行焖制(见图1-30)。

图1-30　砂锅焖萝卜

图1-31　玉米竹荪海参汤

7）炖

炖，是指把食物原料加入汤水及调味品，先用大火烧沸，然后转成中小火，长时间烧煮的烹调方法。炖可分为隔水炖和不隔水炖。不隔水炖就是把食材直接放入水中加入佐料烧；隔水炖则是先把食材在热水中焯烫后，放入陶制器皿中置于热水里加盖大火焖烧。这样做出来的汤汁澄清，香味不易散失。用于炖汤的小型陶制器皿通常叫作盅。蔬菜煲汤通常搭配肉类一起，即可去肉腥，也可提升蔬菜的口感（见图1-31）。

西餐对于蔬菜的烹饪方式，总的来说，分为生吃和熟吃。生吃即指蔬菜沙拉，而熟吃，按烹饪方法可分为煮和蒸、炒和煎、炖、烘焙、炸这五大类。乍一看，这些方法和中餐的热菜处理方式差不多，但从具体步骤和烹饪要求上来说存在着一定的差别。此外，西餐的烹饪宗旨是科学营养，虽然料理方式多样，但对于食材的处理，每一步都秉着保留蔬菜最大营养的目的进行。

3. 西式：沙拉

沙拉在西餐中扮演着举足轻重的作用。正如我们所说，西餐追求科学和营养，因此搭配不同的主食，餐前和餐后的色拉都会有不一样的要求。作为晚餐的开胃色拉需要有鲜嫩的配料、味道十足的沙拉汁和诱人的外形才能够激起人们的胃口。这样的沙拉通常是几种新鲜蔬菜和几片奶酪的组合。而主菜色拉则另需配上肉类和水果才能够自成一道营养全面的菜肴（见图1-32）。沙拉亦可作甜品，选用甜味蔬菜混合水果和果仁既是一道香甜的甜品。

图1-32　正餐沙拉

4. 西餐烹调方式

1）煮和蒸

西餐中大部分的蔬菜都要经过煮和蒸这道工序。但这不意味着单纯的通过煮和蒸就可以做成一道菜肴。煮其实就是中餐中用开水焯一下的意思，煮完之后必须立刻过滤并用冷水降温，这叫做鲜化。目的是防止加热过的菜持续散热影响口感和营养。而蒸则是用来处理较脆的蔬菜，如西兰花。蒸好之后也必须要鲜化。

2）炒和煎

西餐中炒和煎的主要不同是油的用量以及烹制时间。炒是

图1-33　墨西哥风味炒玉米

用少量脂肪快速烹制，需要时不时抛起一下食物；煎是用大量脂肪在低温下烹制很长时间，食物不用抛起。中餐里炒菜时煎锅不动，用铲来搅动食物，而西餐中需要抬起煎锅抛食物（见图1-33）。

3）炖

西餐中的炖和中餐的做法差别很小，都是用少量水盖上锅盖烹制。西餐的炖菜通常也会加入各式佐料或者肉类提鲜。但西餐的佐料和中餐又

图1-34　橙汁炖胡萝卜

略有不同（见图1-34），毕竟不同地区的人饮食习惯也不太一样。

4）烘焙

烘焙蔬菜其实也是烧烤蔬菜，但所用的器具和中餐的烧烤并不一样。很显然，西餐是用烤箱烤制的。将大个儿蔬菜切块后配上佐料和芝士放入烤箱，即可得到一份美味的烤蔬菜（见图1-35）。烤箱的火候和时间控制根据不同的菜式都有严格的规定。

5）炸

说到炸，大家最熟悉的应当是炸薯条了。先将油倒入器

图1-35 芝士烤香菇

图1-36 洋葱圈

具中加热到规定的温度,再将沥干的土豆条完全浸入热油中炸至所需程度即可。这就是西餐中炸的烹制法。根据蔬菜的不同种类和质地,有些像土豆一样适合直接炸,有些需裹上面包屑或面糊炸。我们最常见的裹面粉炸的蔬菜就是洋葱圈啦(见图1-36)。

思考题

选择一种沙拉,挑选不同食材完成沙拉的制作,并向家人或朋友介绍你的成果。

第三节 肉禽水产

网络上流行一句话，"人类花了几千万年时间爬到食物链顶端，不是为了吃蔬菜的。"虽然这是一些"吃货们"的玩笑，但由此可见，肉类在人们日常饮食中有着不可动摇的地位。肉类富含蛋白质、脂肪、碳水化合物，是人体所需的必不可少的能量。

俗话说"两脚的爷娘不吃，四脚的眠床不吃"，用以形容中国人的饮食文化再合适不过了。"两脚的爷娘"并非指人，而是指中国人用餐时使的筷子；"四脚的眠床"即指睡觉的床。确实，中国人除了这两样东西不吃以外，什么都敢吃。中国人吃牛蛙，大街小巷的餐馆里随处可见干锅牛蛙、水煮牛蛙等菜式，特别畅销（见图1-37）；中国人吃甲鱼，家有若身体弱亲人，总会煲一锅甲鱼汤给他补补身子；中国人吃蛇，喝蛇胆泡的酒，据说可以祛风活血，消炎解毒，补肾壮阳。这些对西方人来说几乎是

图1-37　水煮牛蛙

不可思议的。食材在中国人的餐桌上倒是常见。人们对于食材的选择真是一门有趣的学问。

（一）肉　类

1. 猪、牛

猪肉和牛肉无论在中国还是西方都十分普遍，是人们日常生活中最易得到、食用频率最高的肉类。总的来说，中国人多吃猪肉，而西方人多吃牛肉。

由于中国古代以农耕为支柱，牛是重要的生产物资，因此绝大多数朝代都禁止屠牛。唐代《永徽律疏》这部法律中有记载：

> 诸故杀官私马牛者，徒一年半。赃重及杀余畜产，若伤者，计减价，准盗论，各偿所减价；价不减者，笞三十。见血踠跌即为伤。若伤重五日内致死者，从杀罪。

说的是，故意杀害官用或者私人马牛的人，应被判处一年半的徒刑。即使是主人自己故意杀害自己的马牛，也要被判处一年的徒刑。这一规定，即使用当下的标准去衡量，也是十分严格的。由此可见，中国古代对牛的保护非常重视。

中国人吃猪肉，大多要归功于苏东坡。苏东坡，北宋文学

图1-38　东坡肉

家、书法家、画家,一位名副其实的"大吃货"。他爱吃猪肉,认为吃猪肉能够增强体质,同时认为猪饲养起来比羊简单得多。在他的宣传下,上至当时的社会名流士大夫,下至普通百姓,远至周边国家的人们,都开始崇尚吃猪肉。许多以猪肉为主要食材的菜式也被加上了苏东坡的名字,如大家所熟知的:东坡肉、东坡肘子、东坡蒸猪肉等等(见图1-38)。

到了明代,猪肉在中国饮食文化上的地位逐渐稳固,著名医药学家李时珍在《本草纲目》中共列举了28种畜类,他将猪放在第一的地位上。

在中世纪的欧洲,牛排开始在贵族阶层流行,吃牛排是一种身份的象征,而到了工业革命后的英国,先富起来的英国人将牛排广泛的推广开来,成为一种"平民"美食。西方农业的科技化程度较高,牛在农业生产中鲜少扮演劳动力的角色。因此牛肉在西方的传播更加广泛。后来这样的饮食文化随着"帝国主义"占领世界,也成了全世界的潮流。但吃牛排在今天的东亚依然算是件上档次的事情。

西方人吃牛排讲究肉质的口感。一头牛身上不同部位的肉质口感差别很大,当然价格也会相差不少(见图1-39)。通

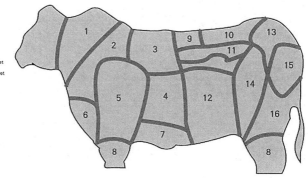

1. 辞肉 Neck
2. 颈部肉 fore Ribs
3. 上脑 Hlghrib
4. 带骨腹肉 Shareribs
5. 肩肉 Shoulder
6. 前胸肉 Point End Brisket
7. 后胸肉 Navol End Brisket
8. 腱子肉 Shinleg
9. 眼肉 Ribeye
10. 外脊 Strploin
11. 里脊 Fillet
12. 无骨腹肉 Flanks
13. 臂肉 Ribeye
14. 和尚头 Thickflank
15. 米龙 Topside
16. 黄瓜条 Silverside

图1-39 牛肉各部位名称

常,牛排分为菲力牛排、肉眼牛排、西冷牛排、T骨牛排。菲力牛排(英文名Filet)取自长长一条的"腰内肉",相当于猪的里脊肉部位,是牛身中运动量最少的一块。肉眼牛排(英文名Ribeye)瘦肉和肥肉兼而有之,由于含一定肥膘,这种肉煎烤味道比较香。西冷牛排(英文名Sirloin)含一定肥油,由于是牛外脊,在肉的外延带一圈呈白色的肉筋,总体口感韧度强、肉质硬、有嚼头,适合年轻人和牙口好的人吃。T骨牛排(英文名T-bone)呈T字型,是牛背上的脊骨肉。T型两侧一边量多一边量少,量多的是肉眼,量稍小的便是菲力。此种牛排在美式餐厅更常见,由于法餐讲究精致,对于量较大而质较粗糙的T骨牛排较少采用。

2. 羊

羊肉在中国的食用历史可以追溯到北宋以前,因为饲养

图1-40 羊蝎子火锅

成本低,难度低,羊肉一直是中国人肉类主要食物,直到北宋兴起吃猪肉的风潮。中国人爱吃羊肉,同样也爱吃鱼,故"鲜"字由此而来。对于中国人来说,羊肉和鱼肉都能够充分激发味蕾的体验,味道十分美妙。中国人吃羊肉,也吃羊的内脏,烧烤摊上的烤羊腰就特别受欢迎。羊蝎子(羊的脊椎骨)火锅是回民的传统食品,也颇受各地人民喜爱(见图1-40)。

西方人吃羊肉,大多以羊排的形式作为主菜。当然,和牛排一样,羊排也讲究用肉的部位。然而在英国的苏格兰地区,有一种当地传统美食haggis则是依靠羊内脏为主要食材(见图1-41)。Haggis是将剁碎的羊心、羊肝、羊肾、羊肺等羊内脏剁碎,用燕麦、洋葱、牛肉和香辣调味料拌在一起,然后塞进掏空的羊胃里水煮至熟。吃的时候把鼓鼓一袋羊胃切开即可。由于羊内脏本身气味较重,又加入了大量的调味品提鲜,haggis尝起来较之一般西餐更咸,味道更重。若是吃惯了重口味菜的中国人不妨去尝一尝。

图1-41 Haggis

3. 狗

狗肉,在中国某些地区,又叫"香肉"或"地羊"。在粤语地区也叫"三六香肉",因为三加六等于九,"九"和"狗"在粤语中同音。我国民间有"天上的飞禽,香不过鹌鹑;地上的走兽,香不过狗肉"之说。民间还有"狗肉滚三滚,神仙站不稳"的谚语。《礼记·王制》中的燕飨之礼中规定"一献之礼既毕,皆坐而饮酒,以至于醉,其牲用狗⋯⋯",且《礼记》中记载的周代宫廷佳肴"八珍"中的"肝膋"也完全是以狗肝为原料的。秦汉时期吃狗肉风气极普遍,张采亮《中国风俗史》中说汉代人"喜食犬,故屠狗之事,豪杰亦为之。"中医认为狗肉有温肾助阳、壮力气、补血脉的功效,可用于老年人的虚弱症,如尿溺不尽、四肢厥冷、精神不振等。冬天常吃,可使老年人增强抗寒能力。

江苏省沛县的鼋汁狗肉是沛县最有名的传统特色食品。鼋汁狗肉色、香、味俱佳,沛县也因此而成了古今闻名的"狗肉之乡"。中国北方游牧民族因为喜欢狗而不吃狗肉,但是中国南方等许多地方还继续食用狗肉,如广西玉林等地。此外,狗肉在东亚,如韩国、朝鲜、越南、泰国、印尼各地均有食用。

欧洲也有人食用狗肉的例子。在高卢的考古遗址中发现的屠宰狗骨头是显示法国食用狗肉最早的证据。1870年普法战争期间,法国巴黎被围。那段期间包括狗、猫在内的各种宠物,甚至动物园中的动物都被当作食物。法国大文豪维克多·雨果记载了此事。法国直到1910年还有狗肉铺子。瑞士的阿彭策尔和圣加仑州农村有食用狗肉的传统,村民将狗肉制成肉干和香肠,以及药用狗脂肪,这种传统仍在维持。

而北美地区的大部分人认为,狗不仅是宠物,更是家庭中的一员。对饮食习俗不同地区的吃狗肉情况,很多人表示不能理解。一些动物权益组织,专门前往吃狗肉现象比较普遍的国家或地区进行抗议。而支持食用狗肉的观点则坚持绝大多数烹调所选用的狗只是专门为食用饲养的,与吃其他饲养动物的肉食没有差别,或者认为其他地方的狗肉禁忌本质上和某些宗教禁止食用部分或全部肉食一样,只是一种信仰。

4. 鹿

提起吃鹿,很多人会问,鹿不是野生动物吗?怎么能轻易吃掉呢?虽然在中药里,人参鹿茸酒是上好的滋补佳品,但在中国,吃鹿肉并不普遍。事实上,《红楼梦》中有描写清炖鹿肉、红烧鹿肉等菜式(见图1-42),而《本草纲目》中则有记载:

图1-42　红烧鹿肉

鹿的全身都是宝,其茸、角、齿、骨、肉、髓、脑、精、血、肾、胆、皮、粪、胎均可入药。其中鹿肉甘温,补益弱,益气力,强筋骨,调血脉。

西餐中的鹿肉已有悠久的历史。鹿肉和牛肉、羊肉一样普遍。西方人认为鹿肉是大自然赋予人类最美味的恩赐之一。在法国餐厅里，以麋鹿做的主菜价格不菲。若是在盛大的节日，招待客人最高的礼遇便莫过于一只香喷喷的烤鸡和一盆热气腾腾的烤鹿肉了。2015年习近平总书记访

图1-43　香烤Balmoral鹿里脊配马德拉红酒松露汁

问英国的时候，女王伊丽莎白二世在白金汉宫举行欢迎国宴，菜单上标明肉类主菜就是香烤Balmoral鹿里脊配马德拉红酒松露汁（见图1-43）。

5. 蛇

很多外国人到中国听说广东一带盛行吃蛇肉，都大吃一惊。是的，广东人是出了名的"无所不吃"。李时珍的经典著作《本草纲目》亦有"南人嗜蛇"的说法。追溯起来，广东人吃蛇的历史有2 000多年。怕蛇的人谈蛇色变，可广东人偏偏就好这一口，还变着花样做出各种美味，最有名的可能就是"龙虎斗"和"龙凤汤"了。蛇肉味极苦，性寒凉，能解毒清火，是热性体质患热病的最良治疗剂。又可以解除热毒，预防许多热症（见图1-44）。

图1-44　口味蛇

（二）禽 类

1. 鸡、鸭、鹅、鸽子、鹌鹑

禽类，无外乎鸡、鸭、鹅、鸽子、鹌鹑这几种，在中西方都可以食用到。中西方用禽类做成的菜式除了所用调味品不同之外，在形式上并没有太大的区别。中国人爱吃禽类的烧烤，如烤鸡、烤鸭、烤鹅、脆皮乳鸽，也爱吃小鸡炖蘑菇、啤酒鸭、红烧老鹅、鸽子汤，鹌鹑汤等。西方人也有烤制的禽类，如烤火鸡、烤小鸭、烤乳鸽、烤鹌鹑等，西方人也会把肉切块，做成番茄蘑菇炒鸡肉或苹果炖鸡块。同样是鸡块，中国人指的是连骨带肉的鸡块，而西方人指的是鸡肉块。中国人爱啃骨肉，认为连着骨头的肉吃起来特别有嚼头，味道更加香浓。西方人吃饭讲究干净卫生礼仪，刀叉无法解决的食材是不适合拿上饭桌的。

众所周知，对于鸡鸭鹅这类家禽，中国人不仅爱吃其肉，也爱吃其内脏和四肢。这一点是西方人无法理解的。国外的中国超市里贩卖的鸡爪是老外常常吐槽的对象。在他们看来，吃鸡爪和吃人手一样，令人害怕。中国人还爱吃禽类的内脏，如心、胗、肠等都很美味。甚至于鸭血也是一道特色菜。江苏南京的鸭血粉丝汤，在粉丝汤中加上鸭血、鸭肠、鸭肝等，久负盛名（见图1-45）。

图1-45　金陵鸭血粉丝汤　　　　图1-46　燕窝

2. 燕窝

金丝燕是保护动物,不能食用,大概吃起来味道也不好,但金丝燕的窝却是中国人的大爱。金丝燕用唾液和绒羽等凝结筑成巢窝,形似元宝(见图1-46)。人们把它采摘下来之后经过加工,把可以食用的部分包装好售卖,用作馈赠佳品。食用时先用水浸泡,再隔水小火炖煮,配入冰糖、蜂蜜等增加口感。中医认为燕窝有养阴、润燥、益气、补中、养颜等五大功效。现代医学发现,燕窝可促进免疫功能,有延缓人体衰老,延年益寿的功效。

(三) 水产与海鲜

1. 常见鱼类

中国人偏爱河鱼,西方人偏爱海鱼。20世纪70年代,美国政府为了清洁水体,从东南亚进口了一些包括大头鱼、鲢鱼、草鱼在内的8种亚洲鱼类,投放到南部部分养殖湖区。10年后,湖

图1-47　美国鲤鱼泛滥成灾

区遇上洪水，这些亚洲鲤鱼就趁乱逃到野外并开始大量繁殖。
2013年，新闻报道美国密西西比河鲤鱼泛滥成灾（见图1-47）。
体重近30公斤的亚洲鲤跃出水面，这一中国长江上也是难得的
景观，在美国密西西比河却极为常见。亚洲鲤鱼曾被作为"水
藻清洁能手"引进美国，如今却成了"最危险的外来鱼种"。40
年间，习性好"跳"的它们不时造成水上交通事故，并以惊人的
繁殖速度侵占了多条河流。美国鱼类和野生动物局忍无可忍，
不得不采取毒鱼和装电栅栏的方式消灭鱼的数量。很多中国
网友得知此消息后纷纷表示，为什么不邀请咱中国人去吃鲤
鱼大餐呢？这些大的鲤鱼在中国很少见呢，吃起来一定特别
美味。

中国有"五大家鱼"，是最为人们熟悉的五种食用鱼类，分别为青鱼、草鱼、鲢鱼、鳙鱼、鲤鱼。美国人不吃鲤鱼，任由鲤鱼在河里繁殖，当然会造成生态危害。而中国的鲤鱼还没长大就被人们抓了去吃，想捕到一条30公斤的大鲤鱼可不是什么容易的事。

西方人吃海鱼，一方面由于海洋环境污染相对较少，营养丰富，资源丰富，另一方面由于西方人不爱吃带刺的鱼肉，淡水鱼刺太多，不方便食用。在西方，人们最常吃的就是三文鱼，金枪鱼、沙丁鱼和鳕鱼。这类鱼刺较少，肉也较粗，中国人就不太爱这么粗犷的肉质了（见图1-48）。

2. 河豚

河豚是暖温带及热带近海底层鱼类，栖息于海洋的中、下层，有少数种类进入淡水江河中。河豚游的速度并不快，在遇到外敌，腹腔气囊迅速膨胀，使整个身体呈球状浮上水面，样子十分可爱（见图1-49）。

河豚肉之鲜美已成中国美食界之"貂蝉"，曾有"吃了河豚，百味不鲜"之说。中国沿海某些地区有

图1-48　鳕鱼肉

图1-49　河豚

吃河豚鱼的习惯，日本人把河豚视为珍馐佳肴。对于河豚缺乏烹调经验的人，却万万吃不得，吃河豚中毒死亡者，在国内外屡见不鲜，就是食用河豚经验比较丰富的日本人，据说每年中毒死亡者也有几百人之多。

河豚鱼的毒素主要集中在卵巢、肝脏、血液中，其次是眼睛、鳃和皮肤中。该种毒素的毒性是剧毒品氰化钠的1 250倍，其化学性质比较稳定，经过一般的炒、煮、盐腌和日晒等，均不能很快将其破坏，所以人中毒死亡率极高。巴西曾有报道11人在一顿河豚宴中集体中毒身亡。

3. 螃蟹

中国人爱吃河蟹，有"（农历）九月吃母、十月吃公"的说法。中国的河蟹以阳澄湖的大闸蟹最有名气。秋季的阳澄湖大闸蟹畅销度可谓是一只难求，素有"蟹中之王"的美誉。什么样的大闸蟹才是好的大闸蟹呢？老吃客们在挑选螃蟹时有四步诀窍：一观色泽，壳背呈墨绿色，蟹盖边缘不透光则好；二看腹脐，肚脐凸出来，则膏肥脂满；三掂轻重，手感沉重则为肥大壮实的好蟹；四查足脚，蟹足上刚毛丛生的则较好。

由于地理原因，吃蟹一般是江浙沪一带的风俗。老上海的大爷大妈们午后闲来无事，泡一壶茶或温一瓶黄酒，摆出蟹八件，蒸好大闸蟹，一人一只，慢慢地剥，仔细地品，可以吃上一下午。吃完的蟹壳干干净净没有一点剩余的蟹肉，也可算是一绝了（见图1-50）。

图1-50 清蒸大闸蟹   图1-51 帝王蟹腿

西方人吃海蟹,以帝王蟹最有名气。帝王蟹属于深海蟹类,生长缓慢,寿命可长达30年,最大体重达10公斤之巨。由于它们的体型巨大及肉质美味,很多物种都被广泛捕捉来作为食物。食用帝王蟹,最普遍的就是食用其蟹脚(见图1-51)。完整大块的肉符合西方人对于食材的要求,鲜美的味道是帝王蟹腿堪称"海鲜之王"。

4. 龙虾

说到龙虾,人们不禁要问一句,是小龙虾还是大龙虾?小龙虾是中国人的最爱,每年6至9月是小龙虾最肥美的季节,以盱眙龙虾最为有名。小龙虾体型较小,以河里的水藻、浮游生物、小鱼、小虾为食,繁殖能力并不强。小龙虾较之其他淡水虾相比,肉更多,肉质更加鲜美,因此受到人们的追捧。每到小龙虾成熟的季节,大街小巷的龙虾店都人满为患。赫赫有名的麻辣小龙虾(麻小儿)是最常点的菜式(见图1-52)。

大龙虾即指海里的龙虾,是西方人的最爱。海里的龙虾品

图1-52　麻辣小龙虾　　　图1-53　波士顿龙虾意面

种繁多,有波士顿龙虾、澳洲龙虾、花龙虾等。西方人吃龙虾,当然不同中国人一样。即便是将虾洗干净整只煮,也得把它剖成两半,洗净内脏再下锅,遵从干净卫生的原则。焗龙虾、龙虾饭、龙虾沙拉、龙虾意面、龙虾汤等,都是西餐中龙虾的常见菜式(见图1-53)。

5. 鱼翅

所谓鱼翅,就是鲨鱼鳍中细丝状软骨,形似粉丝(见图1-54)。吃鱼翅是亚洲人,尤其是中国人特有的一种文化现象。鱼翅为古代八珍之一。八珍具体所指随时代和地域不同而不同,但鱼翅总能占有一席之地。最早食用鱼翅的人是渔民,渔民出售鲨鱼后,将鱼鳍留下自己食用,鱼商发现有利可图,收为商品出售,鱼翅才渐渐出现于宴席上。至明代

图1-54　鱼翅

中期,鱼翅已为人们广泛食用。《本草纲目》记载:"(鲛鱼)背上有鬣,腹下有翅,味并肥美,南人珍之。"

鱼翅受食客们追捧,价格一路水涨船高,往往是高档的酒席上才能吃到这一珍品。但近年来,没有任何科学证据证明鱼翅对人类健康有益。另一方面,捕捞鲨鱼割下鱼鳍的过程太过血腥,大量鲨鱼死亡导致鲨鱼种群遭遇灭绝之灾。因此,政府禁止官方宴请中消费鱼翅。

2015年白金汉宫招待习近平总书记的国宴菜单以及2016年杭州G20峰会菜单上分别有哪些菜品呢?请结合中西饮食特点进行比较。

第四节 酒水饮品

(一) 酒

俗话说:"无酒不成席"。人类自从开始人工酿酒以后,酒在人们的生活中就占据了十分重要的地位。不管是在中国饮食文化中还是在西方饮食活动中,酒一直以来都是不可或缺的重要组成部分。人类早在远古时期就开始品尝自然发酵的原始果子酒,并且经过不断的努力,出现了众多的品种,有甜的、酸的、复合味的、有色的、无色的、高度的、低度的……五花八门。但关于喝什么酒,东西方却截然不同,这与东西方种植的农作物有密切关系。

1. 酒的品种

"明月几时有,把酒问青天"、"醉翁之意不在酒"这些脍炙人口的诗词我们都耳熟能详。中国是世界上酒文化最早的发源地之一,不仅各种名酒如数家珍,而且酒名十分优雅。中国谷物酿酒一直占有优势,果酒的饮用较少。中国典型的季风气候适合种植米谷,因而最初酿造出了米酒,在后来不断发展过程中,又分流出了黄酒、白酒(见图1-55)。黄酒是世界

图1-55　古代酿酒工艺

上最古老的酒类之一，源于中国，而且只有中国有，与啤酒、葡萄酒并称世界三大古酒。黄酒是中国特有的以糯米、玉米、粳米、黍米等为原料制作的酿造酒，一般酒精含量为14%—20%，含有丰富的营养。中国白酒是从黄酒演化而来的蒸馏酒，酒度一般在40度以上，最著名的就属茅台、五粮液了。茅台酒，被尊为"国酒"，它具有色清透明、醇香馥郁、入口柔绵、清冽甘爽、回香持久的特点。尤其以贵州茅台酒闻名中外，誉满全球。

　　日本的造酒文化源于中国，经过本地风土的精炼，发展成现在的清酒。日本清酒，是使用大米为原料而酿造的酿造酒，是借鉴中国黄酒的酿造法而发展起来的日本国酒。日本人常说，清酒是神的恩赐。1 000多年来，清酒一直是日本人最常喝的饮料。在大型的宴会上，结婚典礼中，在酒吧或寻常百姓的餐桌上，人们都可以看到清酒。清酒已成为日本的国粹。虽说全国很多地区都有制造，但是，名酒的产地大部分是集中在水质比较好或者大米的优良产地。清酒可以热着喝也可以冷了喝，

图1-56　日本清酒酒杯

无论哪一种清酒,都是日本菜肴的最佳搭配,而且清酒用的酒杯也独具日本特色(见图1-56)。日本清酒虽然借鉴了中国黄酒的酿造法,但却有别于中国的黄酒。该酒色泽呈淡黄色或无色,清亮透明,芳香宜人,口味纯正,酒精含量在15%—16%,含多种氨基酸、维生素,是营养丰富的饮料酒。

西方典型的温带海洋性气候适合种植水果,所以最早酿成的是葡萄酒。葡萄酒是新鲜葡萄的果汁经过发酵酿制而成的一种酒精饮料。最早产生葡萄酒的确切时间和地点不明,但从某种意义上讲,有了葡萄这个物种时就有了葡萄酒。因为当葡萄成熟后果皮开裂,果汁在空气中氧化发酵后,那些渗出来的汁液就是葡萄酒。要酿造好的葡萄酒,必须有质量好的葡萄。葡萄是温带植物,太热或太冷的地方都不能种植。葡萄酒的酿造工艺主要包括:将新鲜葡萄去梗、压榨、发酵、取出汁液,通过藏酿后装瓶即可。在欧洲,法国和意大利是目前最著名的葡萄酒产地,鼎鼎大名的就是波尔多、勃艮第等地的葡萄酒庄园了(见图1-57)。"请帮我开瓶82年的拉菲。"我们常常在电视电影中听到这句台词,如果不是有钱人,你还真不敢说这句话。据说一瓶正宗的1982年拉菲产葡萄酒要卖到6万元,而且现在全球仅存

图1-57　波尔多酒庄的酒窖

的也不足一百瓶了。

2. 饮酒文化

在中国古代，酒被认为是神圣的象征，常常用于祭祀活动和宴请嘉宾。在古代祭祀活动中，酒首先要被奉给上天、圣灵和祖先；在古代战士出征之前，统治者也常常用酒来激发军队的斗志；在丧葬、婚宴和重大节日时，酒也是必不可少的。古代有人去世，亲朋好友前来吊丧饮酒被称为"离别酒"；每逢清明节为逝者上坟，亲人一般都会携酒作为祭奠。中国的婚宴酒俗则更为繁多和庄重，比如在南方地区有著名的"女儿酒"，意思就是当女儿出生时就开始酿酒，保存起来等女儿出嫁时才拿出饮用。后来这种酒在绍兴发展成为"花雕酒"，在酒坛上雕上各种花卉人物、虫鱼鸟兽等图案，待女儿出嫁时才涂上颜色，寄托了美好的祝愿。现在我们往往把参加婚礼就叫作"喝喜酒",常见的还有"回门酒"、"满月酒"、"开业酒"等等。

中国人饮酒重视的是人,要看和谁喝,要的是饮酒的气氛;饮酒礼仪体现了对饮酒人的尊重。谁是主人,谁是客人,都有固定的座位,都有固定的敬酒顺序。敬酒时要从主人开始敬,主人不敬完,别人是没有资格敬的,如果乱了次序是要受罚的。而敬酒一定是从最尊贵的客人开始敬起,敬酒时酒杯要满,表示的也是对被敬酒人的尊重。晚辈对长辈、下级对上级敬酒要主动敬酒,而且讲究的是先干为敬(见图1-58)。

在西餐中,有一句话是这么说的:白酒配白肉、红酒配红肉。这里的白酒就是白葡萄酒、红酒就是红葡萄酒。如果你吃鸡肉、

图1-58　婚宴上新人敬酒

鱼肉、日本菜等感觉上比较"清淡、易消化"的主食，那么白葡萄酒是比较理想的选择。如果你的主食是红肉，比如牛肉、羊肉等或炖煮的菜肴，和这些感觉上比较"敦实"的食物，红葡萄酒就更加适合了。香槟被誉为"起泡酒之王"，源于法国的香槟小镇，由于原产地命名的原因，只有香槟产区生产的气泡葡萄酒才能称为"香槟酒"。在婚礼、庆功宴等欢庆的时刻，总少不了香槟激射的泡沫、金色的液体和袭人的芳香。为什么庆祝大家都喜欢开香槟呢？不但因为香槟酒度数不高、味道好，而且打开的时候有声响，能让泡沫四散，喜庆的时候更能增加欢乐气氛。

西方人饮酒重视的是酒，要看喝什么酒，要的是充分享受酒的美味。饮用葡萄酒的礼仪，则反映出对酒的尊重。品鉴葡萄酒要观其色、闻其香、品其味，调动各种感官享受美酒（见图1-59）。在品尝顺序上，讲究先喝白葡萄酒后喝红葡萄酒、先品较淡的酒再品浓郁的酒、先饮年轻的酒再饮较长年份的酒，按照味觉规律的变化，逐渐深入地享受酒中风味的变

图1-59　红酒礼仪

化。所以喝葡萄酒时一定要慢慢喝,千万不能抱着"大家一干为敬,不醉不休"的想法。如果是那样的话,就太违背喝葡萄酒的初衷了。

(二)茶和咖啡

众所周知,茶和咖啡如今已成为风靡世界的两大重要饮品。茶的清香沁人心脾,咖啡的香醇令人回味无穷。中国是茶文化的发源地,茶在人们日常生活中起着举足轻重的作用,俗话说,开门七件事:柴米油盐酱醋茶;同样,咖啡对于西方人的重要性也正如茶对于中国人一样,绝对是有过之而无不及。西方有句玩笑话:"我不在咖啡馆,就是在咖啡馆的路上",就是西方人生活的真实写照。中国人的品茶讲究的是茶道,而西方人品咖啡讲究的是环境和情调。如今,茶文化和咖啡文化都追求一种优雅、放松、静心、享受的生活。饮茶可以修身养性、陶冶情操、品味人生;喝咖啡可以体验优雅的情趣、浪漫的格调、诗情画意般的境界。

1. 茶

中国人喝茶已经有几千年的历史了,关于茶的传说可以追溯到远古,神农氏——中国的农业之神,被认为是最早发现茶的人。从他的《神农本草》一书中可以得知,神农氏尝遍各种植物,仅一天就中毒72次。结果他发现有一种植物的叶子可以减轻他的病症,而这种植物就是茶树。

中国的茶叶历史悠久,种类繁多,主要有绿茶、红茶、青茶、黄茶、白茶、黑茶等,在国际上享有很高的声誉。关于饮茶,古人对泡茶的水、茶叶、茶壶、茶杯还有喝茶的环境都有讲究,这个过程我们称之为"茶道",茶道也是中国文化的重要组成部分。日本的"茶道"源头来自中国。首先说泡茶用的水,陆羽的《茶经》中记载"其水,用山水上,江水中,井水下。"所以,沏茶用泉水是最好的,而紫砂壶被认为是最好的泡茶的壶。喝茶的环境一般都是"清雅"的地方。因此茶馆多建在靠近自然景观,如湖边、河边、山下或花园的地方,常常还伴有中国传统民间乐器的演奏。想象坐在茶楼之上,品一口上好的绿茶,顿时觉得神清气爽、悠然自得。如今人们走进茶艺馆,并不是单单为了解渴,更多的是一种文化上的满足,是高品位的文化休闲(见图1-60)。

饮茶还有很多好处。冬天,一杯热茶是暖身的好东西;夏天,茶能使身体清凉放松下来。科学证明茶叶中有很多化学成分,20%—30%的叶子含有鞣酸,具有杀菌和镇定作用。茶叶中的生物碱对神经中枢有刺激作用,并可以加快新陈代谢的过程。茶的香味可促进消化,它有丰富的维生素能帮助吸烟者排出尼古丁。饭后来一杯茶,可以减少脂肪和油,改善消化功能。因此,饮茶不仅是一种文化,更是一种健康的生活方式。

图1-60　茶艺与乐器的完美结合

2. 咖啡

在西方人的生活中，咖啡是必不可少的饮品。关于咖啡的起源，最为普遍且为大众所津津乐道的是始于埃塞俄比亚Caffa地区有关一位牧羊人的故事。传说有一位牧羊人，在他放牧时，偶然发现他的羊异常兴奋、活蹦乱跳。仔细观察，原来羊的行为可笑怪异，是因为它吃了一种红色的果子。于是，他试着采了些这种红果回去煮，没想到满屋充满了浓郁的香气，喝下红果煮成的汁液，更是大脑兴奋，神清气爽。从此，这种红果就被作为一种提神醒脑的饮料，并颇受好评。

在餐桌上，咖啡可以说是压轴戏，咖啡和茶一样都有提神醒脑的作用，工作忙碌的人们在闲暇之际会喝上一杯咖啡来提神。喝咖啡也有一些讲究，为了保持一杯咖啡的香醇，要趁热喝，冲泡后10分钟以内饮用为最好的时间。咖啡作为世界三大饮料之一，类别众多，品种更是多不胜数。最常见的有拿铁、卡布奇诺、摩卡、清咖啡，还有加入威士忌酒的爱尔兰咖啡。在电视剧《欢乐颂》里，女主角邱莹莹在进入咖啡馆工作之后，努力学习记住各种咖啡种类（见图1-61）。在餐桌上，一般饮用清咖啡，因为它可以化解油腻。除此之外，咖啡可以舒缓疲劳、清醒头脑、帮助消化，甚至可以预防胆结石等疾病。

在西方这个时间观念很强的国家里，人们总是在忙各自的工作，闲暇之际通常就去咖啡店里放松心情。想象推门进入一家别致的咖啡馆，品一杯香醇的咖啡，悠然自得。如果说在中国，咖啡是一种小资情调，那么在西方，咖啡绝对是全民参与的

图1-61　电视剧《欢乐颂》剧照

平民活动。在巴黎,各式各样的咖啡店遍布大街小巷,咖啡馆如同法国的一个代名词,随时人们就可以进去喝一杯,或休息、或消遣、或学习、或会友,是人们最常出入的场所(见图1-62)。这就是法国人的生活方式,是法国人的浪漫情怀,喝咖啡已经成为他们生活中不可或缺的一部分。

图1-62　电影《天使爱美丽》中女主角当服务生的咖啡馆

与含蓄、淡雅,经过岁月锤炼的东方茶文化相比,西方咖啡文化的特点则是热情奔放、洋溢浪漫。咖啡对他们来说不只是一种饮品,它隐含着丰富的文化内涵:意大利的热情、法国的浪漫、德国的考究、美国的快捷。对西方人来说,生活就像煮咖啡,咖啡被冲泡过一次之后,就基本失去了它原有的风味,如果所做的事情没有了原本的新鲜感,那么干脆就另换一种,重新冒险,重新品味。

随着世界经济的进一步发展,越来越多的外国人开始品尝中国的茶,中国人也开始饮用西方的咖啡。茶和咖啡分别代表着中西方不同的两种文化,了解茶和咖啡这两种文化可以促进世界多元文化的交流,从而可以促进中西方文化的和谐发展。

请比较中国人饮茶和英国人饮茶的差异,并结合两国不同的文化背景加以分析。

本章参考书目:

1. 伊永文:《日常生活的饮食》,清华大学出版社,2014年。

2. 陈椽:《茶业通史》,中国农业出版社,2008年。

3. 杜莉、孙俊秀:《西方饮食文化》,中国轻工业出版社,2015年。

4. 齐鸣:《咖啡咖啡》,江苏科学技术出版社,2012年。

5. 尤金·N·安德森:《中国食物》,江苏人民出版社,2014年。

6. 汤姆·斯坦迪奇:《舌尖上的历史》,中信出版社,2014年。

7. 中央电视台纪录频道:《舌尖上的中国》,光明日报出版社,2012年。

8. 李晓:《西餐烹饪基础》,化学工业出版社,2015年。

9. 杜莉:《吃惯中西》,山东画报出版社,2010年。

10. 范用:《文人饮食谭》,三联书店,2012年。

11. 韦恩·吉斯伦:《Professional Cooking 专业烹饪》,大连理工大学出版社,2005年。

12. 周正履、李海芳:《从电影看中西饮食文化差异》,《时代文学》,2011年10月,第234-235页。

第二章
中西餐桌礼仪比较

本章概述

　　"无规矩难以成方圆。"世界各国人民在生活的各个方面都有一定的礼数,在用餐方面也不例外。从一代圣人孔子的"席不正,不坐;食不言",到《女儿经》里要求窈窕淑女"吃喝宁著不尽量,莫贪饭碗与酒盅",再到《弟子规》中的"或饮食,或坐走,长者先,幼者后",无不传达出中华民族对用餐礼仪的重视。而英国皇室的长桌盛宴,高级法餐的精致典雅,美式家庭的圣诞大餐,也有各自的规矩,反映出西方人对进餐时仪态的讲究。社会文明程度的飞速提高,高质量人才的涌现,让西方一些十分体面的金融机构将招聘面试的最后一道关卡设定在高档餐厅的餐桌上。毋庸置疑,用餐过程中的一言一行可以淋漓尽致地展现出一个人的品行、品味、修养以及交际能力。《优雅得体中西餐礼仪》一书中引用了莱文顿博士(Dr. Lavington)的一段话:"你如何进餐,你的礼节,你与刚认识的人如何交往,你如何在特定的环境中表现,都最能说明你这个人。"

　　中国礼仪的发端是祭祀礼仪,而祭祀礼仪的核心正是饮食礼仪。根据文献记载,早在周代,中国饮食礼仪已形成了一套相当完善的制度。儒家经典《礼记·曲礼》中就记载着当时吃饭的详细规范(见图2-1):

　　　毋抟饭,毋放饭,毋流歠,毋咤食,毋啮骨。毋反鱼肉,毋投

图2-1　古人的餐桌礼仪

与狗骨，毋固获，毋扬饭，饭黍毋以箸。毋嚃羹，毋絮羹，毋刺齿，毋歠醢，毋嚃炙。

　　一连15个"毋"，规定了哪些事是吃饭的时候不能做的。我们来看看，这15个"不要"是否有道理。与他人一起吃饭时，不要把饭搓成团（毋抟饭）；不要把多取的饭放回食器（毋放饭）；不要大口喝汤（毋流歠）；不要吃得啧啧作响（毋咤食）；不要啃咬骨头（毋啮骨）。不要把拿起的鱼肉放回盘子中（毋反鱼肉）；不要把骨头投给狗（毋投与狗骨）；不要专取一种食物吃（毋固获）；不要为了能吃得快些，就用食具扬起饭粒以散去热气（毋扬饭）；吃黍米饭不要用筷子（饭黍毋以箸）；不要不咀嚼羹汤中的菜就大口喝下（毋嚃羹）；不要往羹汤里加佐料（毋絮羹）；不要在吃饭时剔牙（毋刺齿）；不要直接端起调味酱便喝（毋歠醢）；不要狼吞虎咽地吃烤肉（毋嘬炙）。

在漫漫历史长河中，中国人在邀约、赴宴、宴席座次、餐具规格及摆放、用餐等方面都形成了一系列的礼仪规范。这些传统礼仪中的一部分一直延续至今，例如赴宴入席时以左为尊，以远为上；吃饭间隙不能把筷子插在碗里等。而一些陋习则逐渐被淘汰，如对饮不节制，不使用公筷等。另外一些礼仪则是传播至海外，受到世界各国人的追捧。这些传承、传播与变革使中国餐桌文化获得了持久的生命力。

与以中国为代表的东方国家相比，西方餐桌礼仪发端较晚。西方餐桌礼仪起源于法国梅罗文加王朝（公元481年至751年），当时欧洲人受到拜占庭文化的启发，制定了一系列细致的礼仪。到了罗马帝国的查里曼大帝时期，礼仪变得更为复杂。当时欧洲的不同民族有着不一样的用餐习惯。例如，高卢人习惯于坐着用餐；而罗马人喜欢卧着进食（见图2-2）；法国人被教育要把双手放在桌上；而英国人在不进食时把双手放在大腿上。

到了12世纪，意大利文化传入法国，餐桌礼仪和菜单用语变得更为优雅精致，教授礼仪的著作也纷纷面世。创作于14世纪的《坎特伯雷故事集》也有了对餐桌礼仪的描述，可见作者乔叟所处的英国当时也已形成了一定的餐桌礼仪。到18、19世纪，餐桌礼仪在欧洲贵族和民间充分发展。在英国爱德华时代

图 2-2 罗马人进餐

（1890—1914年，即《唐顿庄园》所描绘的时代），餐桌布置的精细令人瞠目结舌。量尺是管家的必备之物，用于测量餐桌上摆放物品间的距离。如今，西方人吃饭虽不再像《唐顿庄园》中表现得那么繁复，但不少传统餐桌礼仪仍然被重视。

　　事实上，西方餐桌礼仪的发展与骑士精神有着密不可分的联系。11世纪到12世纪，宴会是西方封建体制的中心，盛大的宴会是维系君主和诸侯之间融洽关系的纽带。到13世纪，宴会的礼仪功能从封建君臣依附关系向家庭、友情的方向转化。从一份现存的中世纪文献中可以看到1210年海诺特伯爵家宴的惯例做法——伯爵在住所大厅招待客人时由管家和司膳长伺候，而在内室进餐时由侍从长伺候。一名低级侍从负责摆放及点燃蜡烛并同时为伯爵和伯爵夫人提供水和毛巾。侍从还需为在家庭等级中处于上层的文职人员和骑士打水。骑士们则是伺候在伯爵和夫人左右，管家坐在伯爵附近，一同享受美餐。

随着时代发展，骑士的地位日益提高，不仅成为家庭宴会的座上宾，而且也开始影响西方礼仪，这也就是著名的"骑士精神"。骑士重视修养，恪守诺言，尊重规则。在进餐时，骑士们也保持着一定的礼数。例如，骑士侍从不允许与另一个骑士共同入座，即使这个骑士是他的父亲也不行；用餐时不能用肉直接去蘸盐碟里的盐；不能用小刀剔牙等等。此外，骑士也愿意为需要帮助的人奉献全部力量，尊重女性，把女子看作是世间真善美的代表。这种精神演变成了欧洲民族中的绅士风度。现代西方人在餐桌上表现出的对于风度、礼节和外表举止的讲究以及对女性的尊重都离不开骑士文化的影响。

所谓"你在品味食物，别人在品味你"，从餐桌上的举止礼仪就可以窥见一个人的修养素质。世界民族和国家的多样性、区域性造就了多元的文化，也进一步造就了各国极具不同风情的用餐礼仪。通俗地讲，就是"怎么吃"。使用筷子进餐的国家与使用刀叉进餐的国家，由于不同的历史渊源，其用餐的礼仪也表现出了极大的不同。了解各国的用餐礼仪，既能让每一位用餐者在进餐时受到尊重，又能体现出自己对他人的尊重。

第一节 赴宴礼仪

（一）邀约与应约

诚意满满的邀约是一次令人难忘的宴请的开始，邀约可以通过口头或是书面请帖的方式发出，那么中西邀约方式有什么区别呢？受邀者又是如何回复的呢？

1. 中式邀约

在中国，请客吃饭不仅是享受美食，同时也是一种交际方式，是联络感情、庆贺喜事的渠道，也是促成生意、达成合作的手段。

宋朝士大夫如果邀请客人吃饭，只要是较为正式的邀约，就必须写请帖。哪怕与客人只是对门之隔，也要呈上请帖以示尊重。请帖格式根据宴请地点有所差异。如果是在家里请客，请帖外面要有封皮，一般是半尺宽、一尺长（一尺约33厘米左右），糊成信封的模样，封皮上注明被邀请人的姓名以及官衔。信封里放入请帖，请帖上写清请客原因、时间、地点及一些表诚意邀请的客气话，落款是自己的姓名和官衔（见图2-3）。

南宋诗人范成大曾写过这样一封请帖邀请客人来家中吃饭，内容如下：

图2-3 宋朝的请帖

欲二十二日午间具饭,款契阔,敢幸不外,他迟面尽。

——右谨具呈,中大夫、提举洞霄宫范成大札子

这段话的意思是:我想在二十二号中午请你吃饭(欲二十二日午间具饭),聊聊各自的近况(款契阔),请你不要见外(敢幸不外),其他的我们见面再慢慢聊(他迟面尽)。这里范成大没有说明宴请的地点,大概是因为这是家宴,而朋友本就知道他的住址,所以请帖上就没有另外注明。

如果是请客人去酒楼吃饭,就更方便了。北宋时期,首都汴京(即今天的开封)各大酒楼的柜台上都放着雕版印刷的标准请帖,免费供客人取用。这种请帖的大小和南宋时千文面值的银票一样大,请帖分成两栏,右栏最上方印着酒楼的名字和地址,最下方印着"假馆不恭"四字,意思是"借用酒楼的场地

图2-4 北宋酒楼

请客有些不恭敬",中间部分由客人填写请客时间。左栏有三行,第一行写被邀请人姓名,中间一行写受邀人地址,最下面一行由受邀人填写是否赴宴。如果愿意参加,一般填上"知"或者是"敬陪末座"以表示谦逊。如果不能参加饭局,那么就填上"谢"或是"敬谢不敏",意思是有事无法到场,感谢对方的好意。在大酒楼请客,只要填好请帖,店内跑堂的会免费为客人分送,受邀人填好是否参加,再交还给跑堂的带回酒楼(见图2-4)。

现在借助现代通信技术,邀约简单了不少。除了婚宴等正式场合还需要递上请帖,注明时间、地点、宴请原因及受邀人姓名,普通的宴请通过电话、短信或是电子邮件就可邀约。在中国,出于某种交际目的,邀请人有时会寻找一些理由迂回地提出宴请要求。第一种是以其他事情或物品作为桥梁提出邀约,例如发现了一家不错的餐厅,想去尝试一下,又或者是买了一瓶好酒,请对方一起来品尝;第二种是刻意在用餐时间提出邀约，比如说"差不多到吃饭时间了，不如我们一起吃顿便饭吧"，这往往让人无法拒绝；第三种是巧妙借用设置好的饭局来邀约，比如说，在邀约某人前，已经约了其他客人，而客人之中恰恰有被邀请者熟悉或者想见的人，这样提出邀请往往水到渠成。值得一提的是，尽管邀约"有术"，但是诚意仍然是最能打动人心的。在一些重要场合，对重要的人，不加掩饰、不加铺垫，面对面地隆重邀请，也不失为一种率性的方法。

2. 西式请帖

在西方，但凡是较为隆重的宴请场合，如宴会、招待会、酒会、茶会等社交活动，都要发请帖。请帖越是制作精美、越是提前送上，越表示宴请的重要性。

西方请帖的大小一般以4英寸宽、6.75英寸长（1英寸等于2.54厘米）为宜。请帖上会注明邀请者和受邀者的姓名、宴请的时间、地点。此外，与传统中国请帖不同的是，西方请帖的最下方一般还会标明赴宴时的着装要求，是formal（正装）或是casual（休闲装）即可。大多数隆重的西方请帖下方还有四个大写英文字母"R.S.V.P"，这是法语"Repondez s'il vous plait（=please reply）"的缩写，翻译成中文就是"敬请赐复"。"R.S.V.P"下面还会附有电话、传真或屯邮地址（见图2-5）。

考虑周到的主人会准备好一张R.S.V.P回复卡，受邀者填写后寄回即可（见图2-6）。

A Dinner Invitation

Mr. And Mrs. Johnson
Request the pleasure of the company of
Mr. Stones
At dinner
On Wednesday, Dec. 15, 2016
At six thirty OR half past six
At Hilton Hotel

Dress: Formal
R.S.V.P
Tel: 877-33-92783

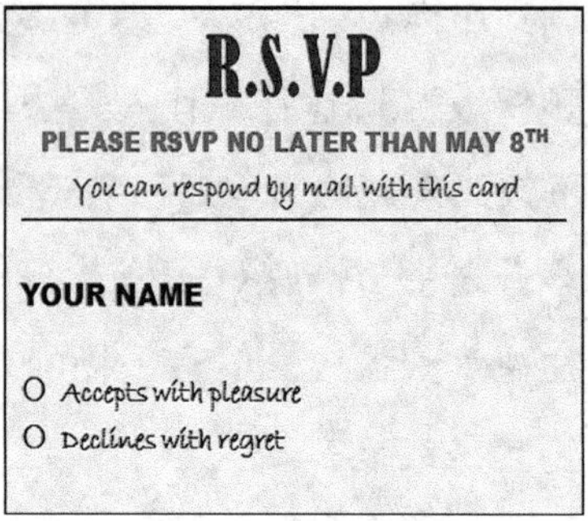

R.S.V.P

PLEASE RSVP NO LATER THAN MAY 8TH
You can respond by mail with this card

YOUR NAME

O Accepts with pleasure
O Declines with regret

图2-5　西方请帖格式　　　　图2-6　RSVP回复卡格式

3. 中西应约的差异

除了邀约请帖上的细微差异,中西方在回复邀请上也有差异。在中国,我们有时会遇到这样的情况。主人邀请某位朋友参加宴会,那位朋友明知那天去不了或是并不想赴宴,却不好意思拒绝,很客气地说:"好,好,我有空的话一定来。"然而真的到了宴会当天却不去赴宴或是临时找个理由推托。这是因为中国人说话往往比较含蓄,不太习惯直接说"不"。这一套并不能用在西方人身上,对西方人而言,如果不去,就直截了当地告诉对方"不能去",当然在措辞上可以礼貌一些,比如可以说"I regrets that I am unable to accept the kind invitation of yours.",翻译成中文就是"我很抱歉我恐怕不能接受您的盛情邀请了"。如果对方请吃西餐,一定记得要尽早回复。因为与中国酒席以桌为单位预定不同,西餐是按人订位的,主人一定要知道了准确的客人人数才能妥当地安排。

如果已经接受了主人的邀请,临时有事不能出席,受邀者应该马上打电话告知主人,说明原因并且表达歉意。如果是已经编排好座位的晚宴,临时爽约会给主人带来不小的麻烦,他必须临时找人来填补空位。这时候不妨送一些鲜花附带一张致歉的便条给女主人,西方的女性一看到鲜花往往就不那么生气了。

（二）赴宴的准备

古代中国,若是要去参加皇家或是大户人家的宴席,必定要做一番繁复的准备,挑选合乎礼制的服饰,并准备好一份得体的礼物。如今,参加一场中式宴席前的准备似乎简化了许多。与现代中式宴席相比,西式宴会对于赴宴者的穿着打扮有着更严格的要求,赴宴者大多也会为主人送上一份礼物以表心意。

1. 中国人赴宴的装束

中国自古被称为"衣冠上国,礼仪之邦",史籍《舆服志》对帝王将相在不同场合的服饰礼仪规范做了详尽而完整的规定。如《武德令》中规定皇后服有袆衣、鞠衣、钿钗礼衣三等。袆衣是册封、祭祀或是在朝会等场合的服饰;鞠衣是行亲蚕之礼时所着服饰(汉族民间信奉司蚕桑之神。亲蚕礼由皇后主持,率领众嫔妃祭拜蚕神嫘祖、并采桑喂蚕,以鼓励国人勤于

图2-7　钿钗

纺织的礼仪）；钿钗礼衣就是宴见宾客时的服饰。唐代礼典如《通典》《旧唐书·舆服制》《新唐书·车服制》等中也有关于"钿钗礼衣"的记录。"钿钗礼衣者，内命妇常参、外命妇朝参、辞见、礼会之服也。制同翟衣，加双佩、一品九钿，二品八钿，三品七钿，四品六钿，五品五钿。"（《新唐书·车服制》）这段话是什么意思呢？古代称皇帝的妃、嫔、女御等为"内命妇"，卿、大夫之妻为"外命妇"，内命妇朝见、外命妇朝见及宴请时要穿的衣服就是钿钗礼衣。钿钗礼衣与翟衣（也就是古代中国的最高礼服）制式相同，钿钗是镶嵌宝石的发饰，按品级不同佩戴的钿钗数目各不相同（见图2-7）。

　　被称为"百科全书"的《红楼梦》中也有不少对于"宴会"的描写。无论是家族内部的节庆宴还是外客众多的寿宴，都遵从一定的礼制。《红楼梦》第七十一回"嫌隙人有心生嫌隙　鸳鸯女无意遇鸳鸯"描述了贾母寿宴的场景。

　　至二十八日，两府中俱悬灯结彩，屏开鸾凤，褥设芙蓉，笙箫鼓乐之音，通衢越巷。宁府本日只有北静王，南安郡王，永昌驸马，乐善郡王并几个世交公侯应袭，荣府中南安王太妃，北静王妃并几位世交公侯诰命。贾母等皆是按品大妆迎接。

《红楼梦》中多次写到了"按品大妆"这四个字。如上所述，在重要朝见、宴请及祭祀场合，不只是男性，女性的服饰也需要按品级决定。贾母、邢、王二夫人和尤氏等人在重要场合所穿的礼服、补褂以及补子所绣纹样，都是根据其丈夫或儿子的品级而定的（见图2-8）。

民国时期，旗袍流行起来，至今仍是最为世人所认可和推崇的中国代表服饰。20世纪80年代后，西式礼服也受到不少人

图2-8　《红楼梦》中的"按品大妆"

的青睐，与传统旗袍一起成为了中国女性在赴宴时最常选择的服饰。这从张爱玲的《同学少年都不贱》中也可见端倪，女主人公赵珏婚姻破裂，过着捉襟见肘的生活，作为兼职翻译她要去宴会上为韩国官员做传译，生活窘迫的她为赴宴的衣着动足了脑筋。小说中有这样一段描述：

晚宴不能穿长服，她又向来不穿旗袍。定做晚礼服不但来不及，也做不起。她去买了几尺碧纱，对折了一折，胡乱缝上一道直线，人钻进这圆筒，左肩上打了个结，袒露右肩。长袍从一只肩膀上斜挂下来，自然而然通身都是希腊风的衣褶。左边开叉，不然迈不开步。又买了点大红尼龙小纺做衬裙，依照马来纱笼，袒肩扎在胸背上……鞋倒容易买，廉价部的鞋都是特大特小的。买的高跟鞋虽然不太时式，颜色也不大对，好在长裙曳地，也看不清楚，下摆根本没缝过。这身装束在那相当隆重的场合不但看着顺眼，还很引人注目。以后再有这种事，再买几尺青纱或是黑纱，尽可能翻行头。衬裙现成。

赴宴时仪表的重要性从上段文字中也可见一斑。无论是主人还是客人，在出席比较正式的宴会时都应注意修饰仪容并挑选好合乎宴请场合礼仪要求的服饰。如今在中国，不少人对着装似乎没那么讲究。比如下班后有个晚宴，我们就还是穿着那身职业装"整整齐齐"地去赴宴。婚礼上虽然新郎新娘家会精心打扮一番,但前来的客人大多是休闲装的打扮。在西方人看来,这是对主人的不尊重。

2. 西方赴宴着装礼仪

西方讲究着装的TPO三原则,即选择着装时要考虑time(时间)、place(地点)、occasion(场合)三因素。选择赴宴的服饰时既要考虑天气、用餐环境,同时也要根据宴会主题选择合适的服饰。西方人一般会在请帖上注明服饰要求。例如,在美国,赴宴着装大致可分为四大类:

着 装 要 求	男 士 着 装	女 士 着 装
1. casual便服	上身短上衣或衬衫,不需打领带,可以穿牛仔裤	普通的连衣裙,或上衣配长西裤,化淡妆
2. informal较隆重的装束	上身短上衣或衬衫,下身休闲西裤	短礼服,或者考究的套装,化淡妆
3. black tie/Lounge Suit隆重的礼服	黑礼服,配白衬衫、黑领结、黑腰带、黑袜、黑鞋	盛装长裙,配小包、皮鞋、闪亮的配饰,化浓妆
4. white tie极隆重的礼服	燕尾服,配白色马甲、白色衬衫、白色领结、裤子不用皮带用吊带	大裙摆的长晚礼服,长手套,化浓妆

其中,"white tie"是普通人少有机会遇到的场合,只有非常正式的晚宴才要求这一级别的着装,比如皇室婚礼、授勋典礼等(见图2-9)。一般正式的晚宴穿礼服即可。

3. 中西赴宴备礼

传统中国讲究"礼尚往来"，《诗经》中就有"投我以木瓜，报之以琼琚"的名句。若是好友请你去府上一聚，一般送上一些点心即可；如果是小孩满月或是满周岁摆酒，送锦缎布匹或金银长命锁；如果是参加婚宴，普通人家会送礼金，富贵人家则送真金白银或其他贵重物品；如果是参加寿宴，赠礼以锦缎为主，也有送金银、字画、占玩玉器的。如《红楼梦》对贾母寿礼有这样的描述：

图2-9　男士white tie装束

自七月上旬，送寿礼者便络绎不绝。礼部奉旨：钦赐金玉如意一柄，彩缎四端，金玉环四个，帑银五百两。元春又命太监送出金寿星一尊，沉香拐一只，伽南珠一串，福寿香一盒，金锭一对，银锭四对，彩缎十二匹，玉杯四只。余者自亲王驸马以及大小文武官员之家凡所来往者，莫不有礼，不能胜记。堂屋内设下大桌案，铺了红毡，将凡所有精细之物都摆上，请贾母过目。

现在中国人赴宴送礼大致也延续了这样的传统。平时朋友小聚送些点心、摆件略表心意；小孩满月送礼金或是金银配饰；婚宴送礼金及有纪念意义的礼品；寿宴则是送有吉祥寓意的摆件、字画及玉器等，当然现在送老人保健品的也不少（见图2-10）。

图2-10 满月礼

与中国人送礼讲究吉利、口彩不同，西方人送礼似乎更讲究实用二字。20世纪30年代，欧洲经济不景气，大多数人都买不起好酒来宴客，于是聚餐时客人们只好各自带酒。如今在西方这种"携酒聚餐"的宴会虽然不多，但依然存在。如果是去西方人家里吃便饭，那么带一瓶餐酒是好选择。如果是去隆重的宅宴，那么可以选择送花。西方流行的买结婚礼物的方法叫"新娘礼物列表"（bridal registry），是百货公司为了招揽生意想出的妙计。新娘可以在百货公司选定一批自己想要的家庭用品，把自己的名字和物品清单登记在百货公司有关部门。要是某样东西价格昂贵，亲朋好友还可以合伙送。宾客在收到新娘的婚礼和喜宴邀请函后，可以打电话去几家百货公司，问问有没有某个新娘登记过，接线生就会帮你联系有关部门。这种方法既让客人省心，也能让主人收到称心的礼物（见图2-11）。

图2-11　Bridal Registry Book

有时候，西方人寄来的请贴上会写着"请别送礼"（No gifts please），那么客人就该尊重主人的意思，免得带了礼物去，让其他客人尴尬。同样，外国朋友如果问你生日宴想要什么礼物的话，也不要和他客气说"什么都不要"，最好也是实话告诉他想要什么，这样西方人反倒会很感激。

（三）入席的座次

座次的安排，是饮食礼仪中最重要的一部分，是主人必须审慎行事的一大任务。如果来宾甚少，或仅仅是亲朋好友、平辈同事之间的团聚，可以不做特别安排，由大家自由入座。如果来宾较多，就需要事先安排座次，必要的话，主人在客人就座时还要适时引导。

1. 中国：以左为尊、以远为上

中国传统上以左为尊，以东为尊（坐北朝南，左手边是东）。文人雅士常说"何时到寒舍小聚，我虚左以待"。"虚左以待"指空着左边的位子,表示对对方的尊重。过去八仙桌在中间的堂屋靠后墙摆设,客人少时坐三面。左为上,右为次,横坐的为下。客人多时,把桌子移出来四面坐人,则座次顺序为后、左、右、横。这两种座次安排中,都表现了以东(左)为尊和南向(坐北朝南)为尊这两种传统宴席座次的礼俗。如《鸿门宴》中"项王即日因留沛公与饮。项王、项伯东向坐,亚父南向坐。亚父者,范增也。沛公北向坐,张良西向侍。"其中项王、项伯的位置是主座,而范增的位置本应是客座,本来应该是刘邦坐的。鸿门宴上的这种座次,表明了项羽对刘邦的轻视(见图2-12)。

宴会在圆桌上进行,座次仍应是"长幼有序"、"尊卑有序"。《红楼梦》在描述贾府一次中秋赏月的宴饮活动时写道,"上面居中,贾母坐下。左边是贾赦、贾珍、贾琏、贾蓉,右边是贾政、宝玉、贾环、贾兰,团圆围住"。贾母居中坐下;贾赦是大房,所以坐左边;贾政是二房,所以居右。

图2-12　鸿门宴

在桌次安排上，主桌的确定参照"以左为尊、以远为上"的原则。如果是只有两桌的小型宴会，桌子横放，那么正门左手边的为主桌，竖放，那么离门远的为主桌。如果是举办三桌或三桌以上的宴会，那么主桌可以摆在正当中，其他桌也参照"以左为尊"的原则，且离主桌越近，桌次越高。

2. 西方：以右为尊，梅花间竹

与中国不同，西方是以右为尊的，因为他们认为右手力量更大更灵活。在具体座次安排上有以下几种：第一种是男女主人按"男左女右"的原则背对正门而坐，男女主宾同样按"男左女右"坐在男女主人对面，其他客人依照尊卑顺序，自右向左依次入座。二是男女主人面对正门而坐，其他人以右高左低的顺序，依次入座。三是男主人面对正门而坐；女主人背对正门，坐在男主人对面。男宾和女宾分别按右高左低的原则排在男女主人公两侧。桌次上也参照以右为尊的原则。

值得一提的是，西方宴席男女座次一般是"梅花间竹"式的，即男女间隔坐（见图2-13）。另外不同于中国酒席，主人安排座席时会把相熟的人排在一起，西方主人一般会把不熟的人排在相邻的位子。因为西方人认为跟熟人聊天的机会多的是，让客人多结交新朋友，主人才算是心思周到。

如今，对外交往时，我们一般遵从国际惯例，安排座次时按照"以右为尊"的原则。为了使宾客易于找到自己的桌子与席次，除了安排人引导外，主人也可以放上桌次卡及席次卡。客人

图2-13　泰坦尼克号中的宴会

在入座时,要注意让主宾或是长辈优先入座,如果这一桌上没有主宾和长辈,一般是女宾先入座。女士入座时,应由服务员或就近的男士拉开椅子,女士轻轻地从左边入座。

你看到过威廉王子皇室婚礼的请柬吗?假如你收到了这样一封请柬(见图2-14),你需要为此做哪些准备?你可以从服饰、礼物等各方面考虑。

The Lord Chamberlain is commanded by
The Queen to invite

_____

to the Marriage of
His Royal Highness Prince William of Wales, K.G.
with
Miss Catherine Middleton
at Westminster Abbey
on Friday, 29ᵗʰ April, 2011 at 11:00 a.m.

A reply is requested to
State Invitation Secretary, Lord Chamberlain's Office,　　Dress: Uniform,
Buckingham Palace, London　　　　　　　　　　　　or Lounge Suit

图2-14　威廉王子的婚礼请帖

第二节　餐　具　摆　放

（一）餐具的种类

在餐具诞生之前，中国人和西方人都是用手取食的。《礼记》中提到："共饭不泽手。"吕氏注曰："不泽手者，古之饭者以手，与人共饭，摩手而有汗泽，人将恶之而难言。"意思就是说饭前要把手擦洗干净，不然手上有汗渍，就让共同吃饭的人很难堪了。而在中世纪的欧洲，刀叉也并没有被餐馆普遍使用，有些人自备刀叉随身携带，这种作风一直延续到18世纪还存在。梁实秋在《吃相》一文中写道："在酷嗜通心粉的国度里，市廛道旁随处都有贩卖通心粉（与不通心粉）的摊子，食客都是伸出右手像是五股钢叉一般把粉条一卷就送到口里，干净利落。"可以说，餐具的发明是饮食文明进步的一大标志。

1. 中餐餐具

餐具的设计主要是为了满足盛放、拿取食物的需求。中餐餐具包括筷、碗、匙、盘、碟、杯等。其中筷子是中餐餐具中最具特色的。相传在尧舜时期，洪水肆虐，舜命令大禹去治理水患，大禹领命后便日夜与洪水斗争，废寝忘食。有一天，大禹实在饥饿难耐,就架起陶锅煮肉。肉是煮熟了,但锅中的水滚烫,使大禹无法用手抓取肉。治水任务紧急,大禹不想浪费时间在等待水冷却上,于是就用两根树枝夹起开水中的肉。后来大家纷纷效仿,用细棍夹取食物,逐渐形成了筷子(见图2-15)。

图2-15　大禹与筷子

这虽然只是传说,是将数千年百姓逐渐摸索到的制作筷子的过程,集中到了大禹这一典型人物的身上。筷子的产生应归功于先民的集体智慧,而非某一人的功劳。筷子虽然只有两个杆,但却具备很多功能,例如,挑、夹、搅拌等等。无论是扁的方的、软的硬的、长的短的,统统可以夹起来,可谓"以不变应万变"。此外,筷子也经常被作为礼物馈赠亲朋好友。由于"筷子"谐音"快子",即"快点得子",所以新婚夫妇很乐意接受筷子作为礼物。

另一种极富中国特色的餐具就是各式各样的陶瓷餐具。早在13世纪的元代人们就已经用高岭土制造出了今天我们所熟悉的瓷器类型,如花瓶、碗、盘子等。陶瓷餐具不仅是日常用品,也是艺术品,它承载着诗词、书法、国画等中国文化。陶瓷餐具也成为了高贵和品味的象征。这些陶瓷餐具在中世纪就被出售到欧洲,深受西方人喜爱,他们甚至远道而来购买这些珍品

图2-16　乾隆时期餐具

回国。中国也正是因为瓷器而得名"China"。中国人也十分讲究器具与菜品的搭配。在袁枚《随园食单》的"器具须知"中有这样一段话："古语云：美食不如美器。斯语是也……惟是宜碗者碗，宜盘者盘，宜大者大，宜小者小，参错其间，方觉生色。若板板于十碗八盘之说，便嫌笨俗。大抵物贵者器宜大，物贱者器宜小。"也就是说，食物要与餐具相配方成一道佳肴。清帝乾隆赠送给曲阜孔府的一套银制餐具，计有404件，供一桌"满汉全席"上的196道菜肴使用。这套餐具，有的仿照商周青铜器铸造；有的按食材的不同，制成鱼形、鸭形、瓜果形；有的在餐具上镶嵌翡翠、玛瑙等；有的在银器上镌刻诗词，各具匠心（见图2-16）。这种"美食配美器"的传统一直延续至今，现在中国各大餐馆在装盘器具上也都颇具特色，使人赏心悦目。

中国的装盘餐具注重与菜色的协调，呈现出造型、色彩、材质上的多样性，而诸如筷子、勺子等进餐餐具则是以简洁为特色，往往依靠筷子、勺子就能吃完一桌"满汉全席"。

2. 西餐餐具

西餐餐具琳琅满目，最具代表性的是刀和叉。11世纪，意大利塔斯卡地区出现了最早的进食用的叉子。当时，神职人员认为只能用手去碰触上帝所赐予的食物,塔斯卡人创造餐具是一种亵渎神灵的行为。也有史料记载,一个威尼斯人在用叉子进餐数日后死去,我们现在看来很可能是感染瘟疫而死去;而当时的神职人员却说,她是遭到了天谴,警告大家不要使用叉子。到13世纪,厨房叉才逐步被接受,意大利人也慢慢使用叉子作为餐具了。起初,叉子只有两个齿,但这种叉子无法撕扯开大块的肉,到了17世纪,欧洲出现了带四个齿的叉子,人们在进食的时候食物就不容易掉下来了。

再来谈谈餐刀。西方人比起蔬菜来更钟情于整块肉,因此刀就成为了餐桌上必备的餐具。然而在中世纪的欧洲,主人请客吃饭是不会向客人提供餐刀的。客人需要自己带一把小刀来切割食物。当时的餐刀十分锋利,在餐桌上使用有些危险,后来人们发现餐刀的头部不需要那么尖锐,所以法国人设计了去掉刀尖的刀作为餐桌用具。后来这种去掉刀尖的餐刀在欧美国家中被广泛使用(见图2-17)。

西方人使用餐具常常是多具一用。所谓多具一用,是指多种餐具拥有同一种用途,这也是受到了"以个体为本"的观念的影响。一顿正餐往往需

图2-17　西餐刀叉

要多副刀叉共同完成,有时吃一道菜就要换一副刀叉。例如,吃牛排之类的主菜用主餐刀和主餐叉,吃鱼换成鱼刀和鱼叉,吃甜点、面包又有不同的刀叉。不同刀叉形状各异,像锯子一样的带有刀刺的餐刀是切割肉类用的,叉刺较尖的是吃鱼时用的,黄油刀是最小的餐刀,其刀头和刀把不在一个平面上,有时刀背上还有一个缺口,以便切下完整的黄油片。餐勺也是如此,诸如喝清汤用的汤勺头部是椭圆形的,而头部呈圆形的汤勺用于喝比较浓的汤。难怪《泰坦尼克号》中,初入上流社会的杰克看到餐桌上摆放的各色餐具时疑惑:"这全套都是我的吗?"

　　除了刀叉之外,其他的进餐工具也常常是多具一用。例如勺匙有汤匙、咖啡匙、点心匙等;酒杯有啤酒杯、鸡尾酒杯、香槟杯、红葡萄酒杯、白葡萄酒杯,各种酒杯形态不同,喝不同的酒必须使用不同的酒杯(见图2-18)。每当举行宴会或吃正餐时,餐桌上摆的就有红葡萄酒杯、白葡萄酒杯、香槟酒杯等。英国人唐

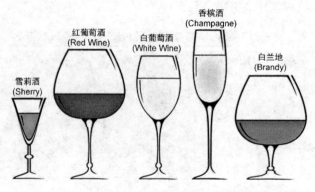

图2-18　西餐酒杯

纳德（Donald，E.L.）在《现代西方礼仪》中写道："我们的祖先似乎为每一种特殊情况都发明了一种餐具，从叉取泡菜到舀取火鸡肚里的填馅，样样餐具一应俱全。"

（二）餐具的摆放

1. 中餐餐具的摆放

中餐餐具的摆放相对简单，一般酒席上完整的中餐餐具包括筷子、勺子、碗、盘子、杯子以及毛巾。摆放在正中的是餐盘，用于暂时存放从公用的菜盘中取来享用的菜肴，食物的残渣、骨头、鱼刺等也应轻轻取放在餐盘的前端。餐盘上放置的是碗，碗中有勺子，用于喝汤。餐盘的右边放置的是筷子，有时还会额外放一个勺子，是夹取菜肴使用的，筷子和勺子一般搁在筷架上。餐盘的左边是餐巾。用餐前，一般会为每位用餐者准备一块湿毛巾用于擦手。有时餐盘左边会放上毛巾架，用过的毛巾就放在毛巾架上。餐盘的上方还会摆放茶杯、茶托以及水杯，水杯主要用于盛放清水、果汁、汽水等饮料（见图2-19）。

在筷子的摆放上，我们需要始终注意下面几个问题：第一是避免将筷子长短不齐地摆放在桌上，

图2-19　中餐餐具

会让人联想到棺材板的"三长两短",被视为不吉利;二是不要把筷子插在饭中,因为在传统习俗中为去世的人上香时才这样做,会被认为大不敬;三是不要将筷子十字交叉放在桌上,因为形状像叉,会被认为是对同桌其他人的全部否定。

2. 西餐餐具的摆放

16世纪以前,西方人进餐几乎没有任何餐具,食物切割好后就用手抓食。当时的一个礼仪规范是:"取用肉食时,不可用三根以上手指。"而刀叉被普遍使用后,餐具的布置就成为了吃西餐最讲究的地方。人们根据餐桌上摆放的刀叉数量和类型就大致可以了解菜肴的品种和数量。

在正式的西式宴会中,餐桌上一般都盖有桌布,餐具包括餐盘、刀叉、餐勺、面包碟、杯子和餐巾等。餐盘放在就餐者的正前方,吃主菜和开胃菜用的刀叉按照餐叉在左、餐刀在右的原则分别纵向摆放在餐盘两侧,有时摆放的刀叉有三副之多,由里到外依次是主菜刀叉、鱼刀叉、色拉刀叉,并且摆放时要注意餐刀的刀刃应朝向餐盘。餐刀的右边紧挨着放置的是餐匙。面包碟和黄油刀放在餐叉的前方或左边。使用刀、叉、勺时遵循由内向外的原则,有时每一道菜端上餐桌时都要使用一套盘子、刀叉或餐匙。杯子则放在餐刀的前方,一般从左到右摆放依次是水杯、香槟酒杯、葡萄酒杯,使用时也是遵循从左至右的原则。吃甜品的餐叉和餐勺横放在餐盘的正前方(见图2-20)。餐巾通常会叠成一定的图案,放在所有餐具的最左方,而用餐时则把餐巾取下铺在腿上。

大多数情况下，喝咖啡的餐具要最后才会摆上。咖啡杯和搅拌咖啡用的小餐勺常常放在一个小碟子中，摆到个人的面前。

图2-20　西餐餐具

除了这些餐具外，如果要吃一些特别的食品，还会临时摆上其他特殊餐具，诸如龙虾叉、蜗牛叉等。

而如果不是国宴等正式宴会场合，西餐餐桌的布置就相对简单了。里三层外三层的餐具摆放在普通餐桌上十分少见，一般只是把刚开始要使用的餐具摆在餐盘的两边，之后服务员会根据客人所点的菜，适时把它们换成相应的餐具。

（三）刀叉的语言

有这样一个趣事。一个女孩子受男友之邀去吃西餐，在与男友说话时，她就把刀叉并排放在盘子上。不一会儿，服务员就过来收掉了她的菜，她急着说："我还没吃完呢，你怎么就收了啊。"其实她不知是自己犯忌了。那么女孩错在哪里呢？实际上她是在刀叉的摆放上出了差错。

在中国的餐厅用餐，当我们需要服务员帮助时，往往会采取语言沟通的形式。比如说某道菜不吃了，我们会招呼服务员过来撤盘。然而,在西餐厅,客人和服务员之间沟通的次数并不多,这是因为在西餐厅进餐时,客人在餐盘上摆放刀叉的不同方式已经表达了客人的不同需求。也就是说,西餐餐具,尤其是刀叉的摆放方式已经成为了顾客和服务员沟通的一种固定语言,我们可以称之为"刀叉语言"。在以下几种情况下,你可以使用"刀叉语言"。

1. 刀叉摆放的暗示意义

比如说,你正在与人交谈,需要暂时放下刀叉不用,或者是你想稍微歇一会儿再吃,这时,你可以把刀叉呈"八"字形放在餐盘上,叉在左边,刀在右边,暗示这道菜还没用完,不能撤下(见图2-21)。这样的话,服务员就不会把盘子收走。相反,如果你把餐具放在餐盘边上,即便你盘里还有东西,服务员也认为你已经用完餐了,会在适当时候把盘子收走。

如果吃完了或不想吃了,那么你可以将刀叉按刀右叉左的方式并列纵放在餐盘中,或刀上叉下并列斜放在餐盘里,表示这道菜可以撤下了(见图2-22)。服务员看到后就会撤下这盘菜。

图2-21 继续用餐的
刀叉摆放方式

图2-22 结束用餐的刀叉摆放方式

如果你对菜肴感到满意,也可以通过刀叉的摆放来给大厨点赞。在这种情况下,按照叉上刀下的方式将刀叉并排横放在餐盘里就可以了(见图2-23)。

图2-23 对菜肴满意的刀叉摆放方式

2. 餐巾摆放的暗示意义

除了刀叉之外,餐巾的摆放也是有一定暗示意义的。首先,在正式宴请中,女主人把餐巾铺在腿上,才是宴会开始的标志,在这之前开吃是非常不礼貌的。用餐时,要把餐巾叠成长方形或是三角形放在大腿上。如果你需要暂时离席去接电话或是去洗手间,那么记得把餐巾放在椅子上,如果把餐巾放在桌上,那就表示你已经完成用餐了。同样的道理,女主人如果把餐巾放在桌子上,那就标志着宴会结束了。

思考题

现在世界上人类进食的工具主要分为三类:第一类是以欧洲和北美国家为代表的用刀、叉、匙进餐;第二类是以中国、日本等国家为代表的用筷子进餐;第三类是以非洲国家及印度等国为代表的以手指抓食进餐。查阅资料,谈谈以手抓食时有何需注意的礼仪。

第三节 用餐礼仪

（一）上菜的流程

得体而大方的"吃相"能够营造出一种和谐的用餐氛围，能够让每一位就餐者都享受到用餐的乐趣，还能够让人满心期待下一次与你的用餐。毫无疑问，在用餐时，了解上菜的流程，是就餐者优雅用餐的第一步。

1. 中餐上菜流程

在中国，上菜的规则是先冷后热，先炒后烧，先咸后甜，清淡鲜美的先上，肥厚味重的后上，先名贵优质后普通一般。

第一道入席菜便是冷菜，通常脆冷爽口，清爽香甜，且装盘考究。精美的冷菜一方面激起用餐者的食欲，另一方面活跃着用餐的气氛。这道菜吃起来十分方便简单。

第二道菜是富含营养的浓汤，可以平衡膳食，滋补身体，更让就餐者食欲大增。舀汤时，第一匙切忌太满，否则，不但难以冷却，且容易因太烫而当众吐出。右手拿汤匙，左手压住餐盘边缘。喝汤时，汤匙要横着握住，脸不要朝下。

第三道是热菜，往往是重中之重，包括主菜和热炒，其中主菜包含有头菜和热荤大菜。头菜通常极具代表性，且选材上乘，价格不菲，能够统帅全席。接着便是由山珍海味，大鱼大虾，鸡鸭等禽肉构成的大菜，然后是一些色香味美的热炒素菜。在上虾、蟹等菜肴前，服务员有时会送上一

图2-24　洗指盅

个小小的水盂，也叫洗指盅，其中漂着柠檬片或是玫瑰花瓣，这可不是饮料，而是洗手用的。洗手时，可以双手轮流蘸湿指头，轻轻涮洗，然后用小毛巾擦干（见图2-24）。

第四道是甜点与水果，让就餐者在大鱼大肉之后倍感清爽。馅饼、蛋糕、薯饼等都可以做成甜品，而水果中饱含着大量的维生素和矿物质，营养性佳，有助于人体消化。吃水果时，最好一小块一小块，或者一小瓣一小瓣吃，最好不要整个地拿在手上吃；如果吃到果核，切忌朝着餐盘直接吐出，而是应该把手放到嘴边，将果核轻轻吐在手掌中，再放入餐盘里。吃完水果，一顿美味的中餐也就告一段落了。

2. 西餐上菜流程

西方的第一道菜是头盘，即开胃菜，分量偏少，摆盘精致，且极具当地特色，充分调动人们的味蕾。头盘可以分为冷头盘和热头盘，鹅肝酱、鱼子酱、虾仁杯、生蚝等即为经典冷头盘；而焗蜗牛、法式田螺、鸡酥盒等则是御用热头盘。食用开胃菜

时,切忌过多、过饱。倘若冷、热头盘均有,那么就遵循先冷后热的原则,同时,不要把冷头盘菜和热头盘菜放在同一个餐盘里面。

图2-25　舀汤的方向

第二道菜是汤,相对来说,西餐中的汤种类稍多,可以分为清汤和浓汤,热汤和冷汤。大家所熟知的有罗宋汤、牛尾清汤、德式杏冷汤等等。喝汤时,如果太烫,不要用嘴吹冷,可以先放置一会儿,再用汤匙舀汤,大致占汤匙的七八分满,小抿一口。待汤冷却,便可用汤匙一口一口,由内往外舀着喝(见图2-25),尽量不要发出声音,切忌端起碗来喝汤。

第三道菜是副菜,水产类、蛋类、面包类等都是副菜。水产类包括淡水鱼类,海水鱼类,贝类等,鱼肉一般鲜滑嫩美,容易消化,再配上专用的调味汁,口感倍爽。注意,在西餐中,面包不是主食,可以配着第二道菜的西餐汤来食用。吃面包时,最好把面包撕下来,再放入口中,切忌整块咬食面包;也可以把黄油涂抹在撕下来的一块面包上食用,不要整块面包涂满黄油,也不要用面包去蘸黄油。

第四道菜是主菜,通常是取自牛、羊、猪、鸡、鸭、鹅等身上各个部位的肉,制作成主菜,再配上各色调味汁食用。其中最具代表性的主菜正是牛排。牛排的熟度分为近生牛排，一、三、五、七分熟牛排，和全熟牛排（见图2-26）。先将酱汁淋在牛排上，酱汁壶应贴近，防止酱汁洒在餐盘外；切牛排时，先用叉子叉住牛排的一端，然后用

图2-26　牛排熟度

刀子切下一口大小的牛排，一般是边吃边切，切忌让餐盘和刀叉相碰撞而发出刺耳的声音。

第五道菜是配菜，多采用蔬菜，一般为生蔬菜沙拉，适当配有一些肉类。也可以是煮熟的蔬菜，如奶油花椰菜等。

第六道菜是甜点，可以是蛋糕、冰淇淋、水果、奶酪、布丁、煎饼等。西餐的甜点延续着主菜的美味，让人回味无穷。

最后一道是饮品，一般是咖啡，或饮料。喝咖啡时，通常配有糖，或者淡奶油。

（二）用餐的姿态

《红楼梦》中林黛玉初进贾府时在餐桌上的谨慎小心，《罗马假日》中奥黛丽·赫本在用餐时的优雅姿态（见图2-27），以及《唐顿庄园》中流露出的西方贵族用餐礼仪一定都让大家印象深刻。这些小说及影视作品中的场景均从侧面呈现出了不

图2-27　《罗马假日》剧照

同国度的人在餐桌上不同的用餐姿态，而优雅的用餐姿态总是能让周围的人有一个轻松而愉悦的用餐时光。用餐姿态体现在坐相、吃相、餐具使用等多个方面。

1. 坐相

从古至今，贯穿中西，人们在用餐时最主要的姿势便是坐姿，因此"坐相"在就餐时就显得尤为突出了。

中国先秦时期，《礼记·曲礼》中的八个字道出了落座应有的姿态："虚坐尽后，食坐尽前。""虚坐尽后"是指通常情况下，晚辈要比长辈、长者坐得靠后一些，这样能够表现出晚辈对长辈的尊敬和恭让；而"食坐尽前"是指在开始用餐时，往往要靠前坐一些，让身体贴近餐桌边缘，防止食物掉落弄脏座席。近现代以来，用餐者入席时一般从座椅的左边落座，动作要轻柔端庄，同时要留意不要弄翻桌上的餐具，切忌随意大声地拖拉桌椅。进餐时，就餐者坐在餐桌前，身体背部要挺直，最好让腹部与餐桌维持一个拳头的距离，千万不能瘫坐在座位上，也不要弯腰弓背。双足可以轻轻地放在地面，女士的双膝应紧闭，而男士的两腿也不要分得太开。更不要以为在餐桌下没人看见，就随意脱鞋。

西方一直秉持"女士优先"的
原则,这在用餐入座时也得到了充
分地体现。吃西餐时,男士先轻轻
拉开座椅,伸手让女士入座,待女
士轻轻落座时,男士要缓缓将座椅
往里送,然后男士再入座。用餐者
应当把腰背挺直,同时,胸口与餐
桌的距离大约为一到两拳,接着,
将餐巾对折,轻轻放在膝上(见图
2-28)。不要把手肘立靠在餐桌
上,也不要跷二郎腿,抖腿等。

图2-28　《唐顿庄园》剧照

2. 吃相

用餐时,除了"坐相"十分受人关注外,备受瞩目的就是嘴
上的"吃相"。在就餐时,嘴部最大的功能有两项:吃饭和交
谈。中国的《礼记·曲礼》中记载道:"毋口它食",讲的是用嘴
咀嚼食物的时候,不要让舌头在口中作响,否则主人会以为你对
他精心准备的食物不满意。而"当食不叹,唯食忘忧"指的是就
餐时,切忌用嘴发出唉声唉气的声音。在中国的餐桌上,交谈是
一件再寻常不过的事。与人交谈时,不要用手托着下巴,可以把
双手交叉放在膝上。虽说嘴内有食物时不宜说话,但有人与你
交谈时,你也要接话以示尊重。所以,用餐者可以每次将少量的
食物送入口中,如遇必须说话的时候,就可将食物放置到嘴里

图2-29　《红楼梦》剧照

的一边，再开口交流。《红楼梦》中林黛玉初进贾府用餐时言行谨慎，事事留心，处处在意，生怕自己出错（见图2-29）。由此可见，餐桌上的交谈也要时时注意分寸。此外，《礼记·曲礼》中还有这样的描述："毋抟饭；毋流歠；毋啮骨；毋嚃羹；毋嘬炙。"这里讲的是吃饭时，不要把米饭弄成一大团一大团；不要长饮大嚼，好像要吃很快的感觉；不要刻意去啃骨头，容易发出难听的声音；在品尝肉羹之类的食物时，不要太快，更不能发出大的声音；大块大块的烤肉，也不要一口吞下，否则狼吞虎咽，吃相不雅。

而西方往往更为倡导安静地用餐。西餐中何时开始用餐、何时结束用餐全是靠刀叉和餐巾的摆放来暗示完成的。吃西餐时一定要紧闭双唇，细嚼慢咽；喝汤和咀嚼食物时，不要发出"吧唧吧唧"的声音，最好不要打嗝或打哈欠。大声地谈话在西餐中是不礼貌的表现。当然，这也不代表西餐中完全不能交谈，轻声而恰当地交流还是需要的。英剧《唐顿庄园》中有一段用餐时的片段完美地诠释了西方用餐时应当注意的礼仪，其中谈到餐桌上交流的话题要恰当，切忌谈论金钱、工作、政治、宗教。

《唐顿庄园》第三季第二集中有这样一段对话：

Mary Crawley: What have you been up to?

GuestA: As a matter of fact, I've found myself a new occupation, but I'm afraid Violet doesn't think it's appropriate.

Violet Crawley: Can we talk about it afterwards?

......

Cora Crawley: I agree with Mama. Some subjects are not suitable for every ear.

这里大小姐 Mary 问起一位客人最近在忙什么，客人说他找了一个新工作，但他觉得伯爵夫人可能认为在餐桌上谈论这个话题不合适。不出所料，伯爵夫人打断了这个话题，说我们能稍后再谈这个话题吗？Cora 也对夫人的话表示赞同。从这段中不难发现，用餐时最好还是不要谈论与工作相关的话题。

在正式的西餐宴会中还倡导"轮换原则"，即为了不冷落任何一位客人，用餐者应当和身旁的人交谈。如果听到女主人轻咳一声，用餐者要转向另一侧与另一位客人交谈（见图 2-30）。正如 PBS 纪录片《唐顿庄园中的礼仪》所记录下来的片段所述：

The hostess Cora will decide which direction the conversation

图2-30　西餐中的交谈

is going. Turning in dinner means that the conversation will start in a particular direction as set by the hostess. And so everyone will speak that way. And then after, you know, when she turns, it's time to turn. Everyone turns and speaks to the person on that side, so everyone's getting their fair share of chat.

另外，口中在咀嚼食物时，不要说话，更不要主动与人交谈。倘若有人主动问话，就餐者不要着急回话，可以先做一个稍等的手势，待把嘴中的食物咀嚼吞下后，再与之应答。

3. 使用餐具的姿势

用餐时，中国筷子的使用和西方刀叉的使用也是极不同的。

中国民间一直流传"聪明孩子，早用筷子"的俗语，一副筷子便能让人享受到几乎所有可口的美食。那么，在用餐时，到底应该如何使用筷子呢？一般用右手拿筷,大拇指和食指拿住筷子的上端,无名指和小指用来按住筷子的下端,中指则停留在筷子上端的下面,以便灵活转动上面的那根筷子,夹取食物(见图2-31)。少数使用左手持筷的用餐者,最好提前向邻座说明,以免出现"筷子打架"的场面。进餐时,筷子一定要轻拿轻放,一手拿取筷子。握筷时,不要太低,同时两根筷子要对齐,筷尖那端要聚拢;另一只手可以扶碗,倘若不拿碗,可以轻扶餐盘,亦或者将手腕倚靠在餐桌边。就餐者用筷子夹取食物时,一定要看中后,一次夹取;如果没有夹中,也不要一直在菜盘里来来回回,要顺势夹取其他食物,最好不要空筷而回。用餐中要放下筷子时,如果餐桌上有筷架,就把筷子放在筷架上;如果没有筷架,则放在自己的餐盘中,注意摆放整齐。

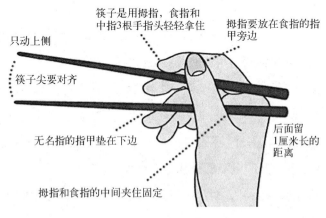

筷子是用拇指、食指和中指3根手指头轻轻拿住

拇指要放在食指的指甲旁边

只动上侧

筷子尖要对齐

拇指和食指的中间夹住固定

无名指的指甲垫在下边

后面留1厘米长的距离

图2-31　筷子的握法

在西方，餐桌上的餐具早已按照既定的位置摆放完整，用餐者落座后不要随意移动餐具。进餐时，用餐者先取出餐巾，切忌在空中抖落餐巾，而是在大腿上将餐巾折叠成三角形或者长方形，同时开口要朝外。餐巾一定要放稳妥，不要让餐巾频频掉落。然后，就餐者开始从外侧至内侧取用刀叉，右手拿刀，左手持叉。享用食物时，使用左手拿叉压住食物的一端，再用右手拿刀将其切成适合自己嘴部大小的一小块食物，最后左手用叉将小块食物送入口中。用餐者在使用刀时，不可将刀刃向外，切忌用刀叉穿透食物，直接食用，更不能舞动刀叉。使用汤匙时，通常用拇指、食指、中指捏住汤匙柄，无名指和小指起到辅助支撑作用。双手使用餐具的活动范围最好不要超过餐具摆放的范围。

4. 碰杯姿势

用餐时的喝酒碰杯在世界各个国家都不可避免，当然，中西方在碰杯这一方面还是呈现出了极大的不同。相传古希腊人发现在喝酒碰杯时，眼睛能看到酒精的颜色，鼻子能闻到酒精的气味，舌头能尝到酒精的香味，唯独耳朵不能享受。由此，希腊人决定在喝酒之前，先碰杯一下，酒杯在碰撞后发出的清脆声音，立即会传到耳朵里，这样，耳朵这一器官也能感受到喝酒的乐趣了。眼睛，鼻子，嘴巴，舌头，耳朵各个器官都感受到酒精之后，人能享受到的喝酒的美味也就更大了。

中国人喝酒讲究的是热闹，豪爽，大气；当年鸿门宴中樊哙一饮而尽，武松打虎之前也曾大喝十二碗酒壮胆。在中国，人们往往会用"碰杯"拉开用餐的序幕,用餐者先把酒杯举至与眼睛齐高,大家会一起说"干杯",然后一饮而尽,再开始用餐(见图2-32)。在整个用餐时间里,碰杯的机会非常之多。

图2-32　干杯

中国式的"碰杯"往往有不醉不归之势,用餐者倾向于劝酒,甚至要劝到喝醉为止。进餐时,有人主动敬酒的话,若能一口气喝干,一杯见底,便体现出中国民间流传的"感情深一口闷"。即使不胜酒力的人也要参与其中,不要拒绝干杯,也最好不要用茶或者饮料代替,应适当喝点酒。

　　而西方人用餐讲究的是安静,自然不会出现劝酒这种情况,浅酌慢饮是西方人享受品酒的最大乐趣。敬酒也不一定要碰杯(见图2-33),如果需要碰杯,动作一定要轻巧,让两只酒杯轻轻对碰即可,切忌过于粗鲁。若用餐者手持的是高脚杯,则可以将酒杯逆时针方向稍稍倾斜,与垂直方向约成15—30度角,轻轻一碰即可。进餐过程

图2-33　敬酒

中,有人想要过来为之斟酒,如果不想再饮酒,用餐者只需用手掌作杯盖状就行,即右手手掌伸开,掌心朝下遮挡酒杯,不要将掌心贴住酒杯口,应与杯口保持一定距离。

(三) 菜肴的吃法

中国的菜式丰富多彩,西方的菜式也不可小觑,两者的做法肯定不一样。那么,当一盘盘可口诱人的菜肴,一道道摆盘精致的美味,一碟碟垂涎欲滴的菜肴呈现在餐桌上,中西方的进餐者自然也有着明显不一样的吃法。

1. 常见中餐菜肴的吃法

虾蟹、鸡鸭鱼是中国餐桌上常见的食物,而用餐者要文雅地吃这些极具诱惑的食物并不简单。进餐者用筷子夹住虾时,最好夹取虾背的弯曲部分,不要夹虾头虾尾,这样相对难以滑落。接着,用拇指和食指在虾尾部位用力一掐,这样,虾肉和虾壳就能分离开来。然后,一手拿着虾尾的壳,一手从虾头部分慢慢将虾头取出,蘸上酱汁食用。

用筷子吃蟹也是一件艰巨的任务,所以,用筷子将蟹从菜盘里夹放到自己的餐盘里后,只能用手按照蟹本身的结构将蟹进行小块分割,依次食用蟹钳,蟹爪,最后揭开蟹盖,这样能够让热气不易蒸发。一定不要连壳带肉一口将蟹咬住,然后在嘴里胡乱咀嚼,最后一起吐出。这样不但不雅观,也不能享受到螃蟹的精华。用餐者在吃过虾蟹后，切忌用充满油渍的手直接拿起筷子，一定要擦拭干净后，再去取筷子夹菜（见图2-34）。

图2-34　螃蟹

对于带骨头的鸡鸭肉，不要整块拿起来直接咬或者啃，这样显得面目十分狰狞。进餐者可以用筷子先在自己的餐盘里将其一小块一小块的分离，或者遇到必须用嘴咬的，也最好一小口一小口地咬。鱼的吃法有个特别要留意的细节，那就是鱼的一面吃完后，切忌将鱼翻身，而应当用筷子将中间的主鱼骨挑出，然后继续吃鱼肉。

2. 常见西餐菜肴的吃法

在西方的餐桌上，往往可见沙拉、牛排、羊排、牡蛎、鱼等美食。西餐中的沙拉种类很多，蔬菜新鲜，颜色多种，具备开胃解腻的功效。如果沙拉的上菜顺序介于主菜和甜品之间，是一道单独的菜，往往要和奶酪、炸玉米片一起食用。倘若沙拉和主菜放在一起，则选取主菜叉来吃；若沙拉是一整盘单独端上来，则选取沙拉叉来吃。如果在沙拉里，遇到很大片的蔬菜叶，最好先切小，一次只切一块，再吃。

烤好的小羊排通常带着骨头，先用右手拿主菜刀从羊排上骨肉相连的部分切下一块带骨头的肉。接着，左手用主菜叉叉住，再用主菜刀沿着骨头轮廓把肉分割开来，切下一小块肉，用主菜叉食用即可。吃剩的骨头记得放在餐盘的一角。

对于带壳的牡蛎，用餐者可以先将柠檬汁挤入，左手拿住牡蛎壳，右手持叉将牡蛎肉拉出来，不需要用刀的。对于整条的鱼，可以先沿着鱼背划成两半切下来，将外侧的一半鱼肉放入餐盘中先食用，再取另一半品尝。在西餐中，鱼同样不可翻身，用刀将鱼骨挑出，再按照之前的方法，食用即可。

（四）各国用餐礼仪

法式浓情套餐、意式经典套餐、美式快捷简餐、日式精致料理、韩式酱拌泡菜餐，各领风骚。毋庸置疑，在西方世界里，除了基本相同的西餐用餐礼仪以外，各国的用餐礼仪还有一些细微的差别。同样，东方世界里亦是如此。

1. 日本人的用餐礼仪

讲究吃的顺序是日本料理的关键，不然无法享受到日式料理的精髓。日本人不仅讲究从哪盘菜开始吃，而且也讲究一盘菜中吃的顺序。绝对不是先把前菜吃完，再把汤喝光，然后吃尽生鱼片，最后把白饭吃完，而是按照既定的顺序吃完一圈后，又从头开始依次轮流一遍，一定是"轮流"的顺序。

在榻榻米上用餐是日本的一大特色。进门后脱鞋，一定要转过身去，将鞋靠拢并摆放整齐，鞋头要朝外。接着，轻轻地走上榻榻米,不要发出声音,切勿跳上榻榻米,然后先绕到垫子的后方,再向前坐下。有"正坐"和轻松的坐法,"正坐"即把双膝并拢跪地,臀部压在脚跟上;轻松的坐法有两种,一种适用于男性——"盘腿坐"即臀部着地,把脚交叉在前面,另一种适用于女性——"横坐"即双腿稍微横向一边,身体不要压住双脚。女士最好不要穿短裙,以免走光。日本人在进餐前,会道一句"我先吃了";结束用餐后,会说"谢谢招待"。用餐过程中,一旦要拿碗,就一定要先将手中的筷子横摆放到筷枕上,不能正对别人;用餐完毕,务必用筷套套好筷子,一并摆回到筷枕上。

　　生鱼片(见图2-35)是日式料理中的经典必备菜肴。进餐者应最先品尝白肉且油脂少的生鱼片,之后再食用味道重且油脂丰富的鱼片。生鱼片一定要搭配芥末,既可以将芥末放入酱油碟中搅拌,再用生鱼片蘸取少量,即可享用;也可以将芥末蘸到生鱼片上,再一并蘸取酱油品尝。芥末和酱油可根据个人口味适量蘸取,最好不要多蘸,否则无法享受生鱼片的鲜度和原味。

图2-35　生鱼片

2. 韩国人的用餐礼仪

　　石锅拌饭、韩式烤肉、冷面、泡菜、人参鸡汤、米酒,这些都是典型的韩国菜式,一直备受欢迎。汤匙是韩国人进餐时最主要的餐具,用以喝汤和吃饭,不用时,要将其放在碗或者其他器皿上。韩国人只用筷子将菜夹取到碗中,不夹菜时,要将其并拢放在右手边上,大部分在餐桌上,留出一小部分在餐桌外,便于再次拿起夹菜。端碗吃饭,或者用嘴部接触碗,在韩国人眼中,是不礼貌的行为。碗就牢固地摆放在桌上即可,不要用手碰碗,可以取下碗盖,随意摆放在餐桌上。韩国人用右手拿起汤匙,先舀一口汤喝光,接着用汤匙吃一口米饭,再喝一口汤,吃一口饭,然后开始随意地吃其他菜肴,而左手一般就放在餐桌下边。石锅拌饭历来是韩国美食的经典,在滚烫的石碗内盛有香喷喷的白米饭,再配上黄豆芽、萝卜等蔬菜、肉和煎鸡蛋,接着根据个人口味放入适量辣椒酱,趁热充分搅拌均匀,直至全碗呈现相同的颜色,即可用勺子食用。也可以把配套的汤倒入石碗中品尝,锅底的锅巴也不容错过。

3. 印度人的饮食礼仪

印度人在用餐方面十分注重一些礼节。在印度用餐前,一定要将手清洗干净,并且漱口。印度人使用的餐具一般就是一杯凉水和一个餐盘,餐盘用来盛白米饭或者大饼,接着只需把菜肴和汤淋在上面即可。用餐时,绝大多数印度人是用右手把白米饭和菜混合在一起(见图2-36),或者将菜卷进大饼,直接送进口中咀嚼。印度北方的人用右手指尖抓食物,把菜卷在饼里面吃。而印度南方人用整个右手搅拌米饭和咖喱,揉成团状后抓起来送嘴里食用。"右手干净,左手脏"是印度人一直秉承的理念，因此，无论是自己吃饭，还是给他人传递食物、餐具，都一律得用右手。就餐时常用一个公用的盛水器供水，喝水时嘴唇不能接触盛水器，而要对准嘴巴往里面倒。他们一般不太用刀叉和汤匙，有一些中产阶级家里使用刀叉和汤匙的。

图2-36　印度手抓饭

　　在印度人家中用餐，客人是不允许自行取菜的，主人一定会热情地为客人分配菜肴，这时客人也不能拒绝主人分配给你的食物。在印度人眼中，食物是上帝恩赐的礼物，拒绝食物意味着拒绝上帝的美意。倘若自己无法吃完餐盘中的菜肴，也绝不能给他人，印度人认为只要有人接触过的东西就表明它已经被污染了，不能将污染过的东西再给他人。在传统的印度人家庭，通常客人、男人、老人、孩子先吃，妇女在其他人用膳后再吃，即便不同性别的人同时进餐，也不能同异性谈话。印度人对咖喱的痴迷也是无人能及的，几乎每道菜肴和米饭都可以用咖喱作为佐料，咖喱饭、鲜青柠汁、印度飞饼是印度餐桌上的经典特色。

4. 法国人的用餐礼仪

　　法式的烹调技术、高级法餐、法式甜点一直引领全球。善于社交且崇尚浪漫的法国人在用餐时有着一定的礼仪。在法国人的餐桌上,酒水价格不菲,远远高出菜肴的价格。法国人在用餐时,双手可以放在餐桌上,但双手的手肘不能支在餐桌上。在放下刀叉时,他们通常将其一半放在餐桌上,一半放在碟子上。用餐完毕,可以用餐巾的一角轻轻拭去嘴角或者手上的油渍,千万不要用餐巾用力抹擦双手和嘴部。通常法国人不邀请朋友到家中进餐,倘若被邀请到法国人家中用餐,一定要正襟危坐,吃完一道菜会更换一套餐具。每一道菜上来,按照女士优先的惯例,先给女客人,再依次轮流给女主人、男客人、男主人,客人一定要对每一道菜表示赞赏。在去法国人家中用餐时,最好提前预订一束鲜花给女主人。

5. 意大利人的用餐礼仪

正式的意餐是在法式套餐的基础上演变而来,全套意餐依次包含有前菜、头道菜(汤、意面、烩饭、比萨)、二道菜(主菜)、蔬菜料理、乳酪、甜品、咖啡。意大利人的主餐设在中午,用餐可以持续两三个小时。对于意大利面的吃法,倘若是条形面,则右手持叉将面条转圈,使面条围绕叉子卷成一小束,同时左手用勺顶住叉子起固定作用,把面卷起来,送到口中。当然也可以直接用叉子缓缓将面条卷起来送入口中(见图2-37),注意一次不要卷太多,足够一口吃下就行。如

图2-37　意大利面

果不是条形的面，可以用叉腹舀起来吃。切勿搅拌面条或用汤匙来吃。至于意大利披萨，先用刀从披萨的圆心部分切向边缘部分，依次将一整个圆形披萨切成多个等值的三角形状，拿取一块放入餐盘中，用刀叉从披萨的上半部开始享用。意大利人很少直接用手拿着披萨吃。如若被邀请至意大利家中用餐，可以捎上葡萄酒、鲜花或者巧克力。

6. 美国人的用餐礼仪

外向直爽的美国人，不拘小节，乐意邀请亲朋好友到自己家中共进晚餐。进餐时，美国人家中的餐桌上一般摆放着一大盘烤鸡或者烤肉、一大盘面包片、一大盆沙拉、一些甜点、一些水果，以及饮料酒水等。大家根据自己各自喜好拿取自己的食物放入餐盘中，用刀叉将其餐盘中需要切割的食物切割完毕，然后会放下餐刀，将餐叉移至右手，用右手拿餐叉而吃。吃完餐盘中的美食后，可随意添加。美国人在用餐中不允许替别人夹取食物。

而在美国的西餐厅用餐时，一般不允许抽烟；不允许当众脱衣解带；不允许为他人取菜；不允许谈论令人不适的话题；不允许进餐时发出声响；不允许向别人劝酒。在美国电影中，如果有人在餐厅里面喝汤的时候发出很大的声音，会被整个餐厅的顾客耻笑。无论吃食物还是喝东西都不能发出声音，因为这在美国是不礼貌的表现。整个用餐过程都相对优雅，绝对不要大声喧闹。

思考题

　　中式正餐、日式料理、高级法餐、美式简餐、韩国料理等等，都有着各自独特的用餐礼仪。而全球超过200多个国家，试着查找资料，说说其他国家的人在用餐时有何种礼仪。

本章参考书目：

1. 纪亚飞:《优雅得体中西餐礼仪》,中国纺织出版社,2014年。

2. 萧芳芳:《洋相——英美社交礼仪》,湖北科学技术出版社,2015年。

3. 金正昆:《礼仪金说之社交礼仪》,北京联合出版公司,2013年。

4. 金正昆:《礼仪金说之职场礼仪》,北京联合出版公司,2013年。

5. 杜莉、孙俊秀:《西方饮食民俗与礼仪》,中国轻工业出版社,2006年。

6. 袁枚:《随园食单》,中华书局,2010年。

7. 梁实秋:《雅舍谈吃》,湖南文艺出版社,2012年。

8. 徐蕊:《优雅的用餐礼仪》,哈尔滨出版社,2011年。

9. 渡边忠司:《用餐的礼仪与优雅》,石舟(译),化学工业出版社,2012年。

10. 庞杰:《食品文化概论》,中国农业大学出版社,2014年。

第三章
中西饮食文化的交流与影响

本章概述

人们常说:"音乐无国界"。其实,饮食亦是如此。"民以食为天",无论是西方的公民还是东方的民众,一日三餐是必不可少的。而随着现代通讯技术的发展、交通工具的便捷,让世界各地的人交流起来更加顺畅,其中,关乎民生的饮食文化交流也不容忽视。

"吃"是维系生命的基本,是我们每个人每天必须做的一件事。饮食的交流潜移默化地影响着我们的生活、文化和思想。本章将从四个方面来阐述中西饮食文化的交流与影响。

首先是食材本身的交流。这类原材料的交流都有一段自己的历史。原来早在古代,即使交通不便利、沟通不明白、货币不流通,可是为了生存,人们还是想方设法地寻求一些易种、量高、可保存的食物。这是一种本能的需求。而经过了那么多年,我们也就理所当然地把生活中一些常见的食物认为是中国固有的,其实不然。要知道,许多司空见惯的食物原来是舶来品,是从国外引进的。

既然食材进行了交流,那么由食材做成的菜品也不能免俗。尤其改革开放以后,生活水平不断提高,国人出国与洋人来华已经不稀奇了。特别是近些年来,世界旅游业蓬勃发展,由此也带动了餐饮发展。如今在西方的主要城市,都能找到唐人街,见到中餐馆;同理,在中国,西餐厅也随处可见。那么在国外的中餐馆提供的是不是我们常吃的中餐呢？在国内的西餐厅是否能吃到地道的西餐呢？本着入乡随俗、就地取材的原则，我们会发现菜品的交流十分有趣。

接下来就是进一步的饮食方式上的交流。现今，我们国人用餐喜欢围坐一起、互相夹菜，相对之下，西方人则喜欢一人一份、各自享用。殊不知，西方人这种"分餐制"的饮食方式却是我们中国人的传统。而随着历史的迁移，在中国，"合餐"逐渐取代了"分餐"。易中天教授曾提到，东方的文化内核是集体意识，体现的是一种专制文化；而西方思想文化的内核是个体意识，体现的则是一种民主文化。这或许从另一面解释了为何如今我们又开始提倡"分餐制"了。

人类的这张嘴，除了"吃"，另外一个重要任务就是"说"。所以，饮食的交流也体现在了语言文字上。古今中外，与食物有关的语言不胜枚举。而随着英语的普及、汉语的推广，我们在表达上的交流也愈加明显。从食材到菜品，再至饮食体例、语言文字，原来中西饮食文化的交流就在我们身边，触手可及。

第一节 食物的"舶来品"

(一)番 薯

有一种美味,不见不念,见之则忍不住要尝一口。在寒冷的冬天,路边停着一辆破旧的三轮车,上面放着一个漆黑的柏油桶,里面不时爆出一两点火星,同时飘散出阵阵诱人的香味,打开了路人的味蕾,让人不禁想去品尝一下。买一个,握在手里暖暖的;咬一口,甜甜的,糯糯的。这不是什么山珍海味,这就是我们中国南方人口中的"烘山芋"、北方人口中的"烤地瓜"。(见图3-1)

然而无论是"烘山芋"还是"烤地瓜",其实指的是同一种食物——番薯。番薯,又名甘薯、朱薯、金薯、地瓜、红薯等。

许多人认为番薯是中国固有的食物,其实不然,番薯是舶来品。它原产于中南美洲,哥伦布将其带到了欧洲。在16世纪,因殖民扩张,西班牙人和葡萄牙人把它传入了

图3-1 番薯

东南亚。大约在16世纪80—90年代(即明朝后期),番薯被传入了中国。主要通过两条路径传播:一条是从越南传入广东,一条是从菲律宾传入福建。

对于番薯的引入及推广,不得不提福建商人陈振龙父子。据记载,陈振龙到菲律宾吕宋岛经商时看到当地遍种朱薯,产量极高,而且既可生吃也可煮熟了吃。他想到自己家乡福建山多田少,土地贫瘠,粮食不足。如果可以引进这个易种而又量多的农作物,就可以大大解决温饱问题。于是在公元1593年(明万历二十一年),他用重金购买了当时被禁止运出国的薯藤,将其编进竹篮和缆绳内,并在绳面涂抹污泥,巧妙地躲过了殖民者关卡的检查,瞒天过海,运回了老家福建。并且试种成功,收获颇丰。后经其子陈经纶在整个福建推广。

17世纪初,江南地区水患严重,五谷不收,食不果腹。此时,明代著名科学家徐光启正居住在上海家中,他得知在福建种植的番薯,是救助饥荒的好作物,便自福建引种到上海,随后向江苏传播,收成颇佳。此外,徐光启先生还在其著作《农政全书》中专列"番薯"。

"薯有二种,其一名山薯,闽、广固有之;其一名番薯,则土人传云,近年有人在海外得此种,因此分种移植,略通闽、广之境也。两种茎叶多相类。但山薯植援附树乃生,番薯蔓地生;山薯形魁垒,番薯形圆而长;其味则番薯甚甘,山薯为劣耳。盖中土诸书所言薯者,皆山薯也。今番薯扑地传生,枝叶极盛,若于高仰沙土,深耕厚壅,大旱则汲水灌之,无患不熟。"

由于番薯适应力强,无论土地贫瘠,皆可存活,而且产量极高,"一亩数十石,胜种谷二十倍"。此外,番薯有多种吃法,可煮、可烤、可磨成粉、可制成饼,味道甜美,容易饱腹。因此番薯在传入中国后,很快便在全国范围内传播开来,并成为了中国第四大粮食作物——仅次于稻米、麦子和玉米。

在抗战期间,红军打游击战时,由于物资匮乏,总是饥一顿饱一顿。后来从山区农民那得知种番薯可以有效地应对饥饿,便和山区的农民一起在房前屋后种些番薯,以备不时之需。军民们还有口号"土藏萌番薯,吃饱不辛苦"(见图3-2)。

番薯不仅高产,还是一种非常健康的食品。中国医学工作者曾对居住在广西西部的百岁老人之乡进行调查,结果发现此地长寿的老人有一个共同点,就是习惯每天吃番薯,有的甚至将其作为主食。

如今我们几乎不再把番薯作为主食,而是作为各种副食或甜品。司康饼,苏格兰的特色早点。加入番薯,制成美味的番薯司康,也成为了国人早点的选择

图3-2 土藏萌番薯

之一（见图3-3）。糖水，广东地区的甜品小吃。加入番薯，制成清甜可口的红薯糖水，西方人也喜欢这款甜品（见图3-4）。

图3-3　番薯司康　　　　　　图3-4　红薯糖水

（二）番　茄

　　鲜艳的颜色，光滑的手感，酸甜的口味，番茄已然成为中国人餐桌上的"常客"（见图3-5）；它既可作冷菜，也可热炒，还能制酱，甚至可以当作水果生吃。然而，这样一款多功能的蔬菜并不是中国固有的品种，它是一款舶来品。

图3-5　番茄

　　番茄其实是别名，学名叫西红柿，又称洋柿子，古名六月柿、喜报三元。原产南美洲。它的出现其实还带有一丝恐怖的色彩。

　　番茄原先是生长在秘鲁森林里的一种野生浆果，因为它色彩娇艳、与众不同，当地人对它十分警惕，把它当作有毒的果子，称之为"狼桃"。只用来观赏，并无人敢食。

在15世纪末，英国公爵俄罗达格里到南美洲游玩，第一次见到了番茄，顿时被它艳丽的色彩所吸引，于是就把一株西红柿苗带回了英国，作为稀世珍品献给了英国女皇伊丽莎白。自此，西红柿便落土欧洲，但是仍然没有人敢吃。甚至据说当时有一位英国医生警告人们，食用西红柿的话会带来生命危险。

直到18世纪，才有人冒险吃了番茄，从此知道了它的食用价值。相传，有一位法国画家，在一片番茄田地写生，画着画着，饥渴难耐，又见到一个个番茄如此诱人，实在忍不住就吃了一个。吃完之后，他已经做好了"死神"降临的准备；结果，除了觉得有一种酸甜的味道，身体安然无恙。自此，番茄进入到餐桌之上。

西红柿从南美洲传入欧洲，西班牙征服南美洲后，殖民者们便将西红柿沿着加勒比海的殖民地传播开来。他们还将西红柿带到了菲律宾，然后从菲律宾传到亚洲其他地区。

据明代赵函的《植品》记载，西红柿是西洋传教士在万历年间和向日葵一起带到中国的。但当时仍然作为观赏性植物。直到清末，人们才开始食用番茄。在著名农学家王象晋编写的《群芳谱》中这样记载："番柿，一名六月柿，茎如蒿、高四五尺，叶如艾，花似榴，一枝结五实或三四实，一数二三十实。缚作架，

最堪观。来自西番,故名。"(见图3-6)

由于番茄喜温、喜光,对土壤条件要求也不太严格,花果期为夏秋季。所以传入中国以后,广受欢迎。由于跟中国的"柿子"外形相似,所以被称为"西红柿"。如今,番茄作为食用蔬果,已经成为人们日常生活中不可或缺的美味佳品,并得到广泛种植。美国、俄罗斯、地中海沿岸和中国已成为番茄的主要生产地区。四大产地的番茄总产量约占全球总产量的89%。由于饮食习惯的不同,中国的番茄制品主要以出口为主。

中国人喜欢把番茄作为一道菜的主要材料,并尽量保持其性状。比如在夏天凉爽可口的糖拌西红柿。无需繁复的步

图3-6　番柿

骤，只要把番茄切开，拌入糖，再放入冰箱冰镇，一道美味就诞生了。而最广为人知的莫过于家常菜——番茄炒蛋（见图3-7）。用最普通的两种原料，做出一道令人垂涎三尺的菜肴。这道菜甚至已经传到了土耳其的世遗小镇——番红花城（Safranbolu）。要知道，土耳其也是番茄的主要

图3-7　番茄炒蛋

产地，不过番茄主要用作配菜和辅菜。

西方人除了把番茄作为一种辅助材料外，更喜欢把番茄制成酱汁来调味。例如我们现在常吃的薯条，总要配上番茄酱。在必胜客进入中国后，除了披萨（Pizza）红火了起来，另一种意大利的特色食物也广受欢迎——意大利肉酱面。而这个酱则是用番茄和罗勒共同调制的，之所以加入罗勒，是为了更好地调出番茄的酸甜味（见图3-8）。

此外，番茄的营养价值也非常高。在许多世界性卫生组织推荐的抗癌或保健食品中，番茄总是位列前茅。意大利科

图3-8　意大利肉酱面

学家研究发现,番茄具有抑制胃癌的作用。胃癌,以位列全球肿瘤发病和癌症死亡率的第二位,是危害人们健康的一大杀手。然而研究显示,每周吃7次番茄或番茄制品的人,比起每周只吃2次的人,胃癌发病危险性可降低50%。

如今,营养丰富又独具风味的番茄再也不仅是花园里的花骨朵了,它是我们生活中不可缺少的美味佳品。

(三)"黄金"玉米

玉米是中国的第三大粮食作物。玉米,亦称玉蜀黍、苞谷、苞米、棒子;粤语称为粟米,闽南语称作番麦。

然而,同番薯一样,玉米也是舶来品。玉米原产于拉丁美洲一带,哥伦布发现美洲大陆后,在第二次归程中把玉米带回了西班牙。随着航海业的逐步发展,玉米被传入到中亚,继而在明代传入我国。

关于玉米如何传入我国,主要有两种说法。一种说法,在明朝嘉靖年间,到麦加朝圣的回教徒带回了玉米,所以玉米又有"西天麦"、"西番麦"之称。这一说法与《平凉府志》的记载有相通之处。嘉靖三十九年(公元1560年)甘肃《平凉府志》记载:"番麦,一曰西天麦,苗叶如蜀秫而肥短,末有穗如稻而非实。实如塔,如桐子大,生节间。"

另一种说法,在明代,有一外国人朝见中国皇帝,把玉米果

穗作为贡品。经加工后，皇帝食
用并非常喜欢，随即赐名。因
它长得像一粒粒米，又是御用
之食，便称为"御米"。中华民
国成立后，没有皇帝之称，也就
没有所谓的御用之食，便取其谐
音，为"玉米"（见图3-9）。

图3-9　玉米

玉米成熟快，产量高，耐寒能力强，营养价值丰富，很快便
在我国传播开来。据说到明朝末年的时候，玉米的种植已覆盖
了我国十多个省，例如：吉林、河南、山东、浙江、福建、云南、广
东、广西、四川、陕西、甘肃、安徽、新疆等地。

其实，玉米是全世界最重要的食粮之一，特别是一些非洲、
拉丁美洲国家。如今，全世界约有三分之一的人仍以玉米籽粒
作为主要食量；其中亚洲人的食物组成中玉米占50%，非洲占
25%，拉丁美洲占40%。

玉米浑身都是宝，是营养价值最高的一类主食材料。所以
我们常说"黄金玉米"，它的价值如同黄金般宝贵。玉米维生素
的含量是稻米、小麦的5—10倍，胡萝卜素的含量是大豆的5倍
多，而且对致癌物也有抑制作用。有人曾调查过，在非洲从事农
业劳动的妇女以玉米为主食，她们患肠癌的几率很低。

西方人很早就意识到了玉米的重要性，在一天中最重要的一
顿——早餐，他们常常食用玉米片粥，尤其是儿童（见图3-10）。

图3-10　玉米片粥

据报载,美国前总统里根也曾每天早上以玉米片粥作为早餐。

而我们国人也渐渐重视起了玉米,不过想要改变中国人传统的早餐品种有点困难,于是聪明的中国人就用各种各样的烹饪手法,让玉米也"入乡随俗",例如排骨玉米汤、豌豆炒玉米、玉米饼;其中,最老少皆宜的就是"黄金玉米烙"(见图3-11)。用传统的烙饼手法,制成色泽金黄、入口松脆、香甜可口的玉米烙,不但美味又富含营养,而且还契合国人讨口彩的心理,所以受到了很大的欢迎。

除了食用外,玉米也是工业酒精和烧酒的主要原料。此外,玉米还是很好的饲料。世界上大约65%的玉米其实都用作饲料,在发达国家甚至高达80%,玉米是畜牧业赖以发展的重要基础。玉米籽粒,可直接作为猪、牛、马、鸡、鹅等畜禽的饲料。

图3-11　玉米烙

第二节　Chop Suey——中餐在美国

（一）Chop Suey（杂碎）

美味丰富的中餐世界闻名，国内各地都有经典名菜，如果让你向外国人推荐几道大众美味，你一定会如数家珍：龙井虾仁，白斩鸡，红烧肉，沸腾鱼，水煮牛肉……可是这些美味对初到中国的外国人而言都会比较陌生，为什么呢？是外国人不喜欢中餐吗？还是外国的中餐馆里没有这些菜品呢？不喜欢中餐还可以理解，但是说很多中餐馆里没有这些常见美味可就奇怪了，但事实确实如此。曾经有人调查过美国人喜欢的十大中餐菜品，结果如下：Chop Suey（杂碎），General Tso's Chicken（左宗棠鸡），Crab Wontons（aka Crab Rangoon，炸蟹角），Fortune Cookies（签语饼），Sweet And Sour Pork（咕噜肉），Beef With Broccoli（西兰花炒牛肉），Springroll（春卷），Egg FuRong（芙蓉鸡蛋）。是不是有点出乎意料？特别是炒杂碎（见图3-12）和左宗棠鸡，可能很多人都没听说过，居然被美国人认为是中餐的代表，这两道菜怎么会这么有名呢？

这不是一道制作复杂的菜，常见的"杂碎"是把肉片（通常

图3-12　炒杂碎

是鸡肉，牛肉，猪肉或虾）和豆芽、卷心菜、芹菜、洋葱和酱汁放在一起快炒，配米饭装盘，最后还会加上一只煎荷包蛋。

这道在中国找不到的中国菜是怎么来的呢？来源有好几种说法，华裔美国史家陈勇（Yong Chen，2014年出版了关于中餐历史的专著《美国炒杂碎》）经过考察认为，"Chop Suey"来自广东话，因为当时的北美华人移民多来自广东。1850年前后，美国的加利福尼亚地区发现金矿，引发"淘金潮"，当时美国西部急需劳动力，本土和来自欧洲的移民难以满足需要，于是美国在1868年和清政府签约，开始引入华工。传说，这些早期抵美的中国移民，多从事修筑铁路或建筑类的工作，因此，工地附近开了好几家中国餐馆，以满足这些身在异乡的中国人。

偶然一次，几位美国矿工耽误了用晚餐，饥肠辘辘，恰巧路过一家仍在营业的中国餐馆，他们就走进餐馆催促中国老板做饭给他们吃，老板探头一看，来的是一群高头大马的老外，又看看厨房所剩不多的食材，心里着急怕应付不了，突然，他灵机一动，把手边所有食材全倒进锅里，砰砰嘭嘭的大火快炒，不一会儿，一道什锦美味就这样端上桌了。几个老美吃了以后觉得不错，就问这道菜的名称，这位中国老板随口说了一个"Chop Suey"，后来这道菜就流传开了。第一道美式中餐的招牌菜——炒杂碎（Chop Suey）诞生了。

最初的中餐馆服务对象主要是华人自己，随着社会经济的发展和民众的融合，中餐也逐步走出了华人的生活圈。加州的旧金山是华人较多的地方，很多华裔开设餐馆，在当地被称为杂碎馆（Chop Suey House）的中餐馆如雨后春笋般涌现，19世纪80年代，数不胜数的非华裔纽约人开始在唐人街内品尝中餐。1885年，有人撰文声称，已经有数千名纽约人体验过了"东方"餐宴。3年后，至少有"500名美国人经常在中餐馆里吃饭。据统计，在1925年仅旧金山就有78家杂碎馆。"

从炒杂碎的产生来源来看，它是一道给在美艰苦奋斗的华工们的"快餐"，仅供果腹。华工群体的隐忍和勤奋反而受到欧美裔移民的歧视和排斥，被他们认为是抢了自己饭碗的人，行为举止经常被嘲笑，甚至发展到1882年美国国会通过了《排华法案》，禁止中国劳工进入美国。其结果必然是加深中西族群文化的对立而非融合，所以炒杂碎也是一种中国移民中的市井菜，中餐也不会进入美国的主流社会饮食文化。

炒杂碎这样一种平民化的饮食为何又被称为"李鸿章杂碎"了呢？这要从清末李鸿章访美说起。1896年8月，北洋大臣兼中国直隶总督（直隶是指北京周边的省份）李鸿章访美，李鸿章是当时政府的核心人物,位高权重。此前从未有此级别中国官员造访美国,因此,他乘坐圣路易斯号汽船在纽约港口登陆后,纽约人倾巢而出,从唐人街到第五大道,围观群众都想一睹这位来自东方神秘国度的重量级政治人物的真容。自登岸起,李鸿章在美国的一举手一投足,都有一大批报社记者争相报道(见图3-13)。

李鸿章这次出访带了随行厨师,还带了很多中国食材,每天吃中餐。不久,《纽约晨报》在周日增刊中就整版刊登了这些菜品,标题为"李鸿章的鸡肉大厨在华尔道夫所做的奇怪菜肴",其中有:米饭、燕窝汤、油焖杂碎(即炒杂碎)、鸡汤、猪肉香肠、鱼翅汤等,几乎算是美国历史上刊登得最早的中式菜谱了。该报记者笔下的"李鸿章杂碎"的做法如下:

图3-13　李鸿章在纽约

将一定量的芹菜切碎，再
将干香菇泡发，切入些许生姜。
将鸡杂放入花生油中炒到微
熟，再加入其余原材料和水混
炒。最好吃的料子是猪肉片和
干墨鱼块以及在潮湿环境下发

图3-14　李鸿章杂碎

芽的大米。这些芽苗大约2英寸长，尝起来非常柔嫩可口。除
外还应该添加一些酱汁和花生油给这锅油腻的食物调色（见图
3-14）。接着，你就可以尽情享用了。倘若你能消化得了，就可
以像李鸿章一样长寿。

　　李鸿章的中国厨师做的这些中国菜，绝大部分显然和美
国民众当时接触到的中餐有很大差异，报道满足了读者的好奇
心，特别是其中有一道菜竟然是"杂碎"！这种巧合肯定是语
言误译的结果，但是就是这个误译的"杂碎"菜，引发了美国
民众对当地美式"杂碎"的热潮，这便是李鸿章将杂碎引入美
国的由来。

　　被誉为"民国四公子"的张伯驹先生也曾经对李鸿章与
美式中餐杂碎有过一段评论："李鸿章杂烩一菜，驰名国外。凡
在欧美中国餐馆，莫不有此菜。而外人就餐者，亦必食此一菜。
菜，凡合肥世族，皆能制，非李鸿章专制也。先慈亦善治此菜。
其法：用鸡蛋皮丝、鸡丝、海参丝、海带丝、洋粉、黄花菜、木耳、鱼丸子（切半）合于一碗，以鸡汤口蘑蒸之。俟鸡汤蒸干，至半碗时取出，食时，先以箸，后以匙。此菜非常食，遇婚丧典礼，款待女家亲眷，媒人及点主鸿题褾题之筵席，始上之。此制法，及非常食。吾邑项城与合肥正相同。因地属内陆，距海远。海参、海带皆为珍味。或曰杂碎，为猪肺猪肚者非是。或曰杂和菜，乃剩菜烩于一锅熬制亦非是。此菜制法，有各品切丝手续、排列方法，油、盐、酱油、料酒、蒜瓣分量，蒸鸡汤火候，殊不简单。……又吾友阮鸿仪君，曾至美国就中国餐馆食李鸿章杂烩。为肉丝、猪肚等，远非前文所述之制法，只徒有其名耳。"（《中国烹饪》1980年3月第51页）

　　文中清楚说明正宗的中国"杂碎"绝非街头大众菜，而是"凡合肥世族，皆能制，非李鸿章专制也"，用料很讲究"用鸡蛋皮丝、鸡丝、海参丝、海带丝、洋粉、黄花菜、木耳、鱼丸子（切半）合于一碗，以鸡汤口蘑蒸之。"这么精细的配菜，即便在当时的大户人家也不是家常菜了，"此菜非常食，遇婚丧典礼，款待女家亲眷，媒人及点主鸿题褾题之筵席，始上之。"可见其分明是非常隆重的正式宴会上的大菜呢。

（二）左 宗 棠 鸡

　　李鸿章访美带红了炒杂碎，那么"General Tso's Chicken"左宗棠鸡和左宗棠有何关系呢？回答是：没有任何关系。这道菜也是标准的美国菜——把大块去皮的鸡肉锤松，裹上面粉，油炸后浇上浓稠的糖醋酱，味道又酸又甜，口感有点像上海名菜咕老肉。此外，还有芝麻鸡和陈皮鸡，味道都差不多。炸完后用西式甜酱入味。湖南人1970年以前从没听过这道菜。

　　1952年，美国太平洋第七舰队司令雷德福特访台，中国台湾负责接待的海军总司令梁序昭连续三天设宴款待，并请彭长贵掌厨。第三天时，为让客人换换口味，厨师灵机一动将鸡肉切成大块，先炸到金黄半焦状，再下酱汁佐料，炒成一道新菜。雷德福特品尝后询问菜名，彭长贵随口起名"左宗棠鸡"。1970年，蒋经国夜带随从到彭园餐厅用餐，厨师为蒋经国制作了左宗棠鸡。蒋经国食后甚感美味，翌日起也向他人宣扬该菜的美味。此菜随成为彭园的招牌菜（见图3-15）。

图3-15　左宗棠鸡

　　当时的做法是取材于鸡腿肉，去骨以后，以酱油、太白粉腌制，连皮切丁切块，再下锅油炸至"外干内嫩"。然后以葱泥、姜泥、蒜泥、酱油、醋、干辣椒等调味料，下腿肉一起拌炒而成。鸡肉带皮，以酱油入味，没有裹面糊的酥脆口感，也不用花椰菜垫底，地道的中餐料理啊。

　　1973年，彭长贵赴美国开办彭园餐厅。一次美国前国务卿基辛格在彭园宴客，吃过"左宗棠鸡"后赞不绝口。此事经《华盛顿邮报》《纽约时报》等媒体大幅报道，这道菜因而名气大震，逐渐成为美国人眼里的中餐"第一菜"。

美国人吃完中餐，还有一个很重要的传统，结账时店员会给每个人发一个Fortune Cookie（签语饼），用鸡蛋和面粉做的，味道有点像蛋卷。打开后里面还藏着一张小纸条，一面写着一句励志的心灵鸡汤和幸运数字，另一面则会有一个中文词，配上英文解释。没有人知道在中国完全不存在的签语饼是如何起源的，但是肯定的是，几十年前想出这个主意的人是个天才，因为这个小把戏在早期美式中餐流行的过程中功不可没。

中餐是1850年开始传入美国的，从前文列出的各种现在流行的中餐中，我们就可以发现中餐美国化的程度有多深，最显而易见的是食材，这些美式中餐里的许多蔬菜根本不是中国产的。美式中餐的菜品中有很多蔬菜，比如胡萝卜、西红柿、西兰花，洋葱……，这些蔬菜并不是产自中国的，传统的中国菜里几乎不使用这些食材。事实上传统中餐更多使用小葱、白萝卜等。此外，美式中餐倾向于把蔬菜当成点缀，而在传统中餐里，蔬菜和米饭（或面条）是整份菜品的主要组成部分。食材变了，但中国移民却保留了中餐的烹饪方法和各种调味品，酱油，醋，花椒等等，所以中国的味道还是传承下来了。

在欧美各地中国城唐人街，中国人的杂货店里总能找到这些能保留中国味道的各种调味品。中式餐饮离不开主食，特别是最早移民都来自广东福建沿海一带,更是以大米为主食。他们开始是从国内带,很快就在加利福尼开始种植水稻了,20世纪初加利福尼就开始商业化种植水稻了,这个原产于中国的物种在美国扎了根,有些美国人也接受大米配菜品一起吃的方式。中国的移民还利用旧金山的海湾发展起捕虾业,但在1880年以后逐步被意大利移民取代。

(三) 政要要人和中餐

　　1972年美国时任尼克松总统访华又推起一次中餐热潮,当时访华有全程卫星传送电视报道,尼克松总统和总统夫人在中国的周恩来总理旁边,使用筷子享用北京国宴的美味中餐,用小口玻璃杯喝茅台酒,这一幕幕令电视机前千百万美国大众既惊讶又好奇(见图3-16、图3-17)。据说尼克松非常喜欢茅台酒,还带了几瓶回美国。就这样,用筷子吃中餐成为了一种能体现出自己与众不同的新时尚。

图3-16　尼克松访华

图3-17　尼克松访华

　　虽然有人说，海外的中餐馆就像麦当劳一样，遍地都是却上不了档次，但凭借着独特的口感和几代人的创新，如今中餐已得到很多政要名流的青睐（见图3-18）。

图3-18　华盛顿的北京饭店

图3-19　奥巴马在中餐馆

图3-20　奥巴马在中餐馆

　　美国总统中最喜欢中餐的要数老布什总统了，这位总统在20世纪70年代曾经是美国驻中国的联络员，在北京生活多年。位于美国华盛顿近郊的7号公路边上Peking Gourmet Inn（北京饭店）就是这位老布什总统和家人回味中餐的地方。据说总统每次必点北京烤鸭，其他几道常点的菜分别为椒盐大虾、北京风味羊排、干煸牛肉丝和干烧四季豆。久而久之，这五道菜竟被传成了"布什菜单"。

　　这是哪里？奥巴马总统手中提着什么？（见图3-19、图3-20、图3-21）没猜错，这是中餐馆，在旧金山中国城杰克逊街。这位美国总统很爱吃中国点心，2012年2月16日记者拍到他亲自去这家叫"迎宾阁"的中餐饭店，花100美元买了一袋子

图3-21　奥巴马在中餐馆

广式点心，有虾饺、烧卖、叉烧包和小笼包等。

不仅美国的总统中有这么喜欢中餐的，前任法国总统萨科齐庆功宴、生日宴也爱挑中餐馆。萨科齐的政治团队中，有一位华裔事务顾问何福基。何福基开了一家名叫"福利"的中餐馆，这里成了萨科齐时常光顾的地方。据悉，萨科齐几乎每个月都要到那里吃饭，庆祝宴会、每年的生日宴会也会选在那里。何福基说，萨科齐特别喜欢"福利"的炸馄饨。有报道称，萨科齐夫妇经常吃的中国菜，菜单中有蜜汁酥鸡、酸甜鸭片和椒盐干贝等。

回看中餐在美国发展的这150多年的历史，今日的中餐已经逐步摆脱了旧日的低廉、不健康的形象，中餐里不仅出现了越来越多的西方食材，甚至像西餐中常用的调味品百里香、薄荷、柠檬也开始出现在中餐料理中，中餐的从业者还按照现代营养学的新知识新观点，不断改良烹饪方式，优化饮食结构，创造出更健康、美味的新式中国菜肴和餐饮文化。

第三节　分餐制与合餐制

我们现代人已经习惯吃西餐的时候一人一份，吃中餐的时候用"圆台面"，大家围坐在一起。这也是我们普遍觉得西餐采取分餐制，中餐采用合餐制。殊不知，分餐制的鼻祖其实是我们中国人，它是一个不折不扣的中国饮食传统。

（一）分餐的历史

据专家考证，在中国，分餐的历史要比合餐的历史久远得多。早在周秦汉晋时代，我国就已经实行分餐制了。从出土的汉墓壁画、画像砖中均可见到席地而坐、一人一案的宴饮场景，却未见多人围桌欢宴"合餐"的画面；而出土的实物中，也有一张张低矮的小食案（见图3-22）。

原来我们的祖先在聚宴吃饭时，是双膝着地"跽坐"，人前各一案，摆放饭菜，即便只有两人，也是分案而食。根据著名的"鸿门宴"中描写，这主角五人也是一人一案："项王、项伯东向坐，亚父南向坐——亚父者，范增也。沛公北向坐，张良西向侍。"——《史记·项羽本纪》

图 3-22　汉墓壁画

（二）分餐向合餐的转变

由分餐变合餐并不是一蹴而就的，它是一个发展的过程。我国基本上是从唐代开始由分餐制逐渐演变为合餐的"会餐制"。而这种转变的一个重要原因则是由于高桌大椅的出现。当时，少数民族的椅凳传入了中原，叫作"胡床"、"胡坐"，餐桌腿和椅腿全都变高了，逐渐取代了原先铺在地上的席子，于是就出现了围桌就餐的形式。但此后的民间亲友小聚，有时还是采用"分餐"的办法。

四大名著之一的《红楼梦》中就有许多描写宴饮的场景，其中在第四十回"史太君两宴大观园　金鸳鸯三宣牙牌令"中有一段这样的描写:"上面二榻四几是贾母薛姨妈,下面一椅两几是王夫人的,馀者都是一椅一几。东边是刘姥姥,刘姥姥之下便是王夫人。西边便是史湘云,第二便是宝钗,第三便是黛玉,第四是迎春,探春、惜春,挨次下去,宝玉在末。李纨凤姐二人之几,设于三层槛内,二层纱橱之外。攒盒式样,亦随几之式样。每人一把乌银洋钻自斟壶,一个十锦珐琅杯。"可见当时还是有许多人喜欢用"分餐"的形式小聚。

　　明代发明了八仙桌,清代又出现了团圆桌,这些无疑都是促进了合餐制的发展。(见图3-23、图3-24)

图3-23　八仙桌

图3-24　团圆桌

　　清代学者林兰痴曾这样描述:"桌取平方,平此无棱角,曰团……,方桌俗称八仙。此则团圆围坐,可容十位。偶来三五知己,观月赏花,便酌小饮,围坐桌中。忽有不招而至者,不妨再留,以添坐位,较之方桌仅可八人入甚便矣。"

　　另外,起初的时候,人们虽然围坐在一张桌子,但食物仍是一人一份,到后来才渐变为大家同夹一碟菜、同舀一盆汤羹的会餐场景。并且开始在圆桌上产生了长幼尊卑、主宾陪副的饮食礼仪文化。

公元1713年，适逢康熙帝六十岁寿诞，为表风调雨顺、国泰民安，康熙帝在畅春园举办了第一次规模最大的"千叟宴"。这场盛大的宫廷宴会也预示着"合餐制"已完全取代了"分餐制"。

据记载，此次宴会依据赴宴者官职品级的高低，预先摆设席面。宴桌分一等、二等，一等为王公、一二品大臣及外国使节等，二等为三至九品官员及无官品的兵民人等。除了皇帝单开一席外，其余宴桌都是八仙桌，人们按品级围坐在一起用餐。

至今，"合餐"已变成中国人习惯的饮食方式，尤其在逢年过节，更要用"满满一大桌子菜"来表示对丰盛宴席的赞扬，用互相夹菜的举动来表示对彼此的热情。

（三）分餐 VS 合餐

据记载，中国商业联合会"分餐研讨会"上，与会者给分餐的定义是："分餐"包括自助餐、快餐、盒饭、食堂打饭等，是相对于宴会、聚餐、在家吃饭等"合餐"形式而言的。由此可以看出，我们现代人基本上是"分餐"、"合餐"这两种方式在交互使用的，而年轻人则更偏向于"分餐"。

一方面从健康角度考虑。中国古话说："病从口入"，这并非无稽之谈。现代科学已证明经口传染的疾病不下十余种。最常见的是在日常生活中，往往家庭中有一人患有胃病，其他成员也会相继患上胃病。这是因为引起胃病的一大病菌——幽门螺杆菌具有传染性，而且经口感染。所以在家庭吃饭中，我们共用饭碗、筷子和菜盘，就会使得胃病在家庭成员中交叉感染。

另一方面，西餐无论是在选择还是制作上，都更加便捷。且一人一份，可以完全根据自己的喜好来点单，不用考虑同桌者的偏好，不会因点错菜而产生尴尬。

那么，有人会质疑，说中餐是不适合分餐制。比如说一盆炒青菜，总不见得让一个人全吃了。其实不然。日本人的许多食物类似于中餐，但日本的"定食"也被我们中国人接受了。而且，在许多欧美国家，除了到中餐馆聚会吃饭，会吃"圆桌"；大多数情况仍以"分餐"的方式来吃中餐，即一人一份，用筷子吃。在热门美剧《生活大爆炸》中就出现过这样的场景（见图3-25，图3-26）

图3-25　中餐馆分餐

图3-26　《生活大爆炸》剧照

（四）国　宴

毛泽东主席曾说过："古为今用、洋为中用"。无论"分餐"还是"合餐"，都可以因对象而异、因场合而异；此外，西方人也明显懂得"入乡随俗"的道理；所以，在吃这方面，能完全体现我们中国人融会贯通、中西结合的能力。

在晚清，由于西方舶来品的冲击，在生活的各个方面，人们都受到了西方风潮的影响，即便是深居宫中的慈禧太后也不例外。1902年3月，萨拉·康格邀请太后的养女、大公主、太后的侄女，庆亲王的两位夫人和三个女儿、恭亲王的孙女、庆亲王的儿媳等宫中女眷前往美国公使馆用餐。当天康格夫人在众多女传教士的帮助下，将家中布置一新，"餐厅里摆放着一张长餐桌，上面放着花。房间内的装饰品以深红色和深绿色为主。菜单是妃嫔、格格们喜欢的红色，桌上的名牌也写着红色的汉字。"女眷们仔细观察康格夫人的每个动作和使用刀、叉、调羹的方式，很快就熟练地使用起来。

而这一活动，竟使清廷的外事接待也出现了明显的西化倾向。此后，慈禧太后在接见各国公使夫人时，会特地命人将桌子上的印花棉布换成白色桌布，餐点也是中西兼备，还放上了刀叉等西式餐具。

2015年中国国家主席习近平访问美国，其在西雅图的第一顿晚餐就是一个中西结合的场景。当时,晚宴的主桌是一个长桌,而主桌以外的客人则围绕着圆桌而坐。

思考题

　　请查找2015年习近平访美和2016年G20杭州峰会的国宴菜单,分析两次国宴中的特色菜肴,哪些是西式的,哪些是中式的,哪些是中西结合的?

第四节 谚语中的中西方饮食文化

一方水土养一方人，古代人民从生活经验总结出了很多关于饮食健康的谚语，有些形象描绘了某些食物的功能特点，有些则提出了养生保健的建议。这些口口相传的民间谚语最能反映市井民情和地域文化特色。中西方相隔遥远，食物种类、烹饪方法和饮食观念差异很大，在俗语的发展中形成了自己的民族文化特点，但我们还是可以发现一些相似的观念。

（一）平衡膳食与健康

"五谷为养、五果为助、五畜为益、五菜为充"这是《黄帝内经·素问》很早就提出的科学饮食结构，而谷、果、菜均为植物性食物。正是这种以粮食为主，辅以适量的肉食、豆制品、蔬菜、水果等杂食型的食物结构，体现了中国饮食中养生思想的精华。中国古文化有五行之说，饮食文化也有五味之说与其对应，即酸、甘（甜）、苦、辛（辣）、咸五种食物滋味。古人认为五味入口要适量，不能偏嗜，如果长期偏嗜某种食味，或食味过浓，对人体就有可能产生不良反应甚至致病，并且认为这是"五行自然之理也"。

中国人讲究五味调和。"调味"是中国饮食中的核心之一。注重五味平和而勿使过偏是我国饮食结构的一大特点。古籍《医便·饮食论》:"五味入口,不欲偏多,多则随其脏腑各有所损,故咸多伤心,甘多伤肾,辛多伤肝,苦多伤肺,酸多伤脾。"这是劝诫人们对五味食物,不宜偏嗜偏多,因多食酸味食物可伤损脾胃,多食苦味食物可伤肺气,多食辛辣之物可伤肝气,多食咸味食物可伤心气,多食甜味食物可伤肾气,这都是依据五行生克制化的天然规律而促成的。日常生活中如果常吃辛辣食物,容易诱发口疮、发生便秘等病症;吃盐过度可引起哮喘咳嗽等;甜食过量往往引起腹胀,泛酸等症状。提倡素食为主,肉食为辅。

古希腊哲学家亚里士多德在2 000多年前也提出"运动太多和太少,同样的损伤体力;饮食过多与过少,同样的损害健康;唯有适度可以产生、增进、保持体力和健康。"几乎同时代的西方医学之父希波克拉底,也提出了饮食的法则:"把你的食物当药物,而不是把你的药物当食物。"建议多吃食物少吃药,就是提前预防疾病为主的医学思想。英国人说"Feed by measure and defy physician"(饮食有节制,医生无用处)。这些谚语都是在提醒人们要注意饮食平衡。

西方营养学从文艺复兴、产业革命开始,逐渐形成营养学的理论基础,物理、化学等基础学科的发展为营养学的实验打下技术科学的理论基础。营养科学家开展了大量的营养学实验研究,提出了氮平衡学说、三大营养素的产热系数,发现了维生素等等。通过分解食物,提取了六大类营养成分:碳水化合物、脂肪(包括必需脂肪酸)、蛋白质、无机盐和水均为宏量营养素。碳水化合物被分解为葡萄糖和其他的单糖;脂肪被分解为脂肪酸和甘油;蛋白质被分解为肽和氨基酸。这些营养素是可以相互转变的能量来源。20世纪50年代以后,营养科学进入了实验技术科学的鼎盛时期,对营养科学规律的研究从宏观到微观,特别是分子生物学的发展使营养科学研究进入分子水平、亚细胞水平,促进了人们对饮食和健康之间关系的认识。

令人惊讶的是,营养学多年的研究证明了古人平衡膳食的饮食观念是值得提倡的健康观念,各国发布的健康膳食指南都依据了这个原则,虽有不同,但是都强调食材多样化,蔬果占比要到日常饮食30%以上,控制肉类,适度锻炼等观念。

比如英国的膳食指南以"餐盘"形式出现(见图3-27),将营养物质分为5类,果蔬和淀粉类食物分别占每日饮食总量的1/3。医生们也会鼓励大家坚持一些好的饮食习惯,例如传统英国人的饮食中,每餐必有水果,如蓝莓、苹果、葡萄等,很多现代人用包装类果汁替代,医生会建议大家回归传统,多吃水果少喝果汁。成人和11岁以上的儿童每天应吃不超过6g的盐,年轻的孩子应该更少,保持健康的体重。

图3-27　英国膳食指南

（二）食材与健康

每个地方的自然条件不同，物产食材也不同，食物对人的身体影响很大，中外谚语中就有告诉大家食物和人体健康的关系。

洋葱是常见的西方食材，英文中就有"Onion treats seven ailments."（洋葱能治小病）。"An apple a day keeps the doctor away."（一天一苹果，医生远离我）。

中国有"冬吃萝卜夏吃姜，不劳医生开药方"的说法。我国是萝卜的故乡，萝卜古名"莱菔"，栽培食用历史久远，早在《诗经》中就有关于萝卜的记载。萝卜既可生吃，又可用于制作菜肴，萝卜含有丰富的维生素 C、维生素 A 和维生素 B，还含有较多的钙、铁、磷、蛋白质及多种酶。中医学认为萝卜性凉味辛甘，入肺、胃二经，可消积滞、化痰热，具有健胃消食、生津止渴、清热解毒等多种功效，因此就有"秋后萝卜赛人参"之说。

中文中还有"要想人长寿，多吃豆腐少吃肉"的说法。豆腐最早起源于中国，据记载是西汉时期，那时候人们喝豆浆，为了调节它的味道，加点盐，加点卤水，或者为了治病加点石膏，就成块了，于是就成了豆腐。中医也认为，豆腐为补益清热养生食品，可补中益气、清热润燥、生津止渴、清洁肠胃，尤适于热性体质、口臭口渴、肠胃不清、热病后调养者食用。中医提醒，"多吃豆腐少吃肉"，这里的"豆"并不只是指豆腐，还包括豆类以及豆荚类蔬菜，包括黑豆、绿豆和赤小豆等，扁豆、四季豆、豌豆、毛豆、荷兰豆、刀豆和蚕豆等。现代科学研究认为豆腐的营养成分有蛋白质、磷、钙、铁、锌、维生素等，这些都对人的健康非常有益。豆腐中的蛋白质不同于动物蛋白，少脂肪，又无胆固醇，易消化，适合患有动脉硬化、高血压和冠心病的人吃。豆腐中的含钙量也非常丰富，每100克豆腐中的含钙量约为240毫克，比同量牛奶还高一倍。豆腐营养丰富、物美价廉，是公认的食疗佳品。豆腐的英文Toufu，已经收录到英文辞典上了，是一个新的外来词。

葱和蒜是日常厨房里的必备之物，是烹饪中不可或缺的调味品。蒜是中西方都有的食材,而且大家都认识到蒜的杀菌和调味的妙用。中文谚语说"吃对葱和蒜,病痛少一半",其含有的"辣素"对病原菌和寄生虫都有良好的灭杀作用,可以预防流感、防治伤口感染。大蒜具有明显的保护肝脏、降血脂及预防冠心病和动脉硬化的作用,常食大蒜能延缓衰老。德国人也常食用蒜,大蒜被德国人誉为"天然抗生素"。在德国,几乎人人都喜欢吃大蒜。世界上最古老的大蒜节和首家大蒜研究所也诞生在德国。德国的超级市场,随处可见各种大蒜食品,而大蒜餐馆、大蒜专卖店等"蒜字号"林立街头巷尾。典型的德国一日三餐都与大蒜为伍。早餐有大蒜面包,还可以根据个人喜好在面包上涂一层大蒜蜂蜜、大蒜果酱等;午餐常吃的通心粉、比萨、炸薯片等都会用大蒜做调味料;晚餐中的主食更离不开大蒜了,无论是煎牛排,炸鱼、烤鸡都会用到大蒜,甚至连饭后的蛋糕、冰淇淋也有大蒜风味儿! 德国的名菜还有大蒜香肠,以及孩子们热爱的大蒜奶酪火锅。

在德国的达姆施特(Darmstadt)市,每年举办一届的大蒜节已经有了100多年的历史。节日期间,从用的到看的,从吃的到穿的,统统带有大蒜特色,吸引了成千上万的大蒜美食家。每界大蒜节会选出美貌少女作为"大蒜皇后",当选后她会戴用大蒜编成的"桂冠"。而这位"皇后"的任务,就是在全德国巡回宣传吃大蒜的好处。(见图3-28)

图3-28 德国大蒜节

（三）饮食习惯与健康

中国古人不仅总结了食物的特性，还对进食习惯提出了建议。《抱朴子养生论》之四中说："不饥勿强食，不渴勿强饮。不饥强食则脾劳，不渴强饮则胃胀。冬朝勿空心，夏夜勿饱食。"

这就是建议人们不饥的时候不要勉强进食，不渴的时候不要勉强饮水。不饥时勉强进食会使脾疲劳，不渴时勉强饮水会使胃饱胀。冬天时，早上不要饿着肚子，夏天时，晚餐不要过量。明末居士袁了凡在《摄生三要》中总结的养生法则是"一曰寡欲，二曰节劳，三曰息怒，四曰戒酒，五曰慎味"。他认为养生要注意一是欲念宜少，二是劳动宜节制过劳，三是不要发大怒，四是戒酒尽量少饮,五是对饮食五味要慎重选用。

　　西方谚语中也有饮食要有节制,不可多饮酒的内容。比如:"Health and cheerfulness mutually beget each other."(健康与快乐,相辅相成),"Health does not consist with intemperance."(健康和放纵,彼此不相容)。"Hygiene is two thirds of health."(卫生能保证三分之二的健康);"The windows open more will keep the doctor from the door."(常开窗户,医生不近门);"Bed is a medicine."(睡好觉如服良药);"Feed a cold; starve a fever."(着凉时要多吃,发烧时要少吃);"Early to bed and early to rise makes and man healthy, wealthy and wise."(早起早睡使人身体健康,富有智慧)。"For when the wine is in, the wit is out."(天才遇酒也变傻);西班牙人说"Good wine ruins the purse; bad wine ruins the stomach."(好酒掏空腰包,差酒糟蹋脾胃)。

(四) 饮食谚语中的智慧

　　饮食和食物是生活的重要部分,因此也形成了很多中外谚语的来源典故,鲜活地表达出生活中的智慧。面包是法国人最基本的必需品(见图3-29),"Enlever le pain de la bouche à quelqu'un." 从别人嘴里抢走面包,当然是"夺了人家饭碗"了。再看这一句"Il est revenu à la maison pour manger le pain de ses parents.",回家来吃父母的面包,很明显是说依靠父母养活的

"啃老族"呢。

对于葡萄酒，法国人的处事哲学是"Quand le vin est tiré, il faut le boire."，"红酒既然打开了，就要把它喝干"。如果听到有人说"Il y a loin de la coupe aux lèvres."，酒

图3-29　法国面包

杯离嘴唇远着呢，意思是"八字还没一撇呢"。

有些谚语虽然用词不同，但都比喻了相同的思想，比如中国人说"姜还是老的辣"，法国人做菜用姜不多，他们说"老罐子才能熬出好汤"，"C'est dans les vieux pots que l'on fait les bonnes soups."。意大利人说"Il buon vino non ha bisogno di frasca."，好的葡萄酒不需要茂盛的葡萄藤来证明。只要葡萄酒的品质好，人们都会慕名而来。这和中文"酒香不怕巷子深"是一个意思。以前，在葡萄收获的季节，意大利的酒庄会在马路上放一些茂盛的葡萄藤，以告知路人此处有葡萄酒出售。意大利人还用酒来比喻友情，"Amici e vini sono meglio vecchi."，朋友和葡萄酒都是时间越久越珍贵。我们中国自古有米面为主食的习惯，但西方人多食牛肉，所以就有了这一句"Beauty will buy no beef."翻译成中文"漂亮不能当饭吃"。

生活中的事件也成为一个个生动的饮食典故，"free lunch"，免费午餐，源自19世纪中叶美国、加拿大等地。免费午

餐其实是酒吧和沙龙老板招徕顾客的花招和促销手段。在提供"免费午餐"的酒吧里,要么收费高,要么供应的饭菜不足。因此,free lunch 常喻指"实际上并不存在的优惠"。

　　盐对维持人的生命非常重要,在古代是很珍贵的,还曾一度作为流通货币,在古罗马也不例外,那里的军队把盐作为军饷的一部分,按日实行定量配给,拉丁语称为"salarium"。于是西方就有了很多和盐有关的谚语典故。英语中"worth one's salt",就是指"称职","earn your own salt"是"自食其力"。如果说某人是"the salt the earth"则是指这个人道德高尚,是社会中坚力量。但"Below the salt"或"beneath the salt"源自中世纪英国的饮食习俗,由于盐的在当时很重要,英国上层社会宴会餐桌上盐瓶的摆放位置就在主人座位的附近,也就是说,坐在盐的上首(to sit above the salt)是离主人最近的地方,因此受到主人格外的尊敬,基本相当于我们所说的"尊为上宾"。而坐在下首的(to sit below the salt)则是些小人物、一般客人,或是主人的眷属。后来这种习惯虽已不复存在,这两个习语却延用下来。"mustard after dinner",饭后上芥末,源自欧洲人的饮食习俗。芥末(mustard)是欧洲人用餐时常用的佐料,如欧洲大陆爱用黑芥制品,英国人喜用白芥。芥末通常和其他食品一同摆在餐桌上,如果等大家都吃完饭后,才把芥末端上桌,似为时已晚,无此必要了。因此,"mustard after dinner"的含义与汉语中的"雨后送伞;马后炮"意思相近。

"skeleton at the feast"宴席上的骷髅,源自古埃及人的习俗。据古希腊历史学家希罗多德(Herodotus)及古罗马作家普卢塔克(Plutarch)的作品所述,古埃及人在举行重大宴会时,常在宴席最引人注目的位置上放一具骷髅,用以提醒在座的宾客居安思危,不要忘记死亡和苦难。但后来"skeletons at the feast"被用来喻指"使人扫兴的人或物"。

综合实操题

我校有许多来自世界各国的留学生和交流生。请结合本书内容设计一份关于对中西饮食文化看法的调查问卷(问题在10个左右)。然后组成调查小组,进行随机抽样调查。并以调查为基础,完成一份外国留学生对中西餐看法的报告,并做成PPT展示。

本章参考书目:

1. Sidney W. Mintz(作者),林为正(译者):《饮食人类学:漫话餐桌上的权力和影响力》(Tasting Food, Tasting Freedom: Excursions into Eating, Culture, and the Past),电子工业出版社,2015年。

2. 杰弗里·M·皮尔彻(Jeffrey M. Pilcher)(作者),张旭鹏(译者):《世界历史上的食物》(Themes in World History: Food in

World History），商务印书馆，2015年。

3. 《名医大会诊》节目组：《名医大会诊：详解威胁中国人健康的十大疾病》，上海科学技术出版社，2013年。

4. 《名医话养生》节目组：《名医话养生：十大营养科主任教你吃出健康》，上海科学技术出版社，2013年。

5. 徐光启：《农政全书》，上海古籍出版社，2011年。

6. 尤金·安德森（作者），马樱、刘东（译者）：《中国食物》，江苏人民出版社，2014年。

7. 安德鲁·科伊：《来份杂碎》，北京时代华文书局，2016年。

8. 查尔斯·本（作者），姚文静（译者）：《中国的黄金时代》，经济科学出版社，2012年。

9. 中央电视台纪录频道：《舌尖上的中国》，中国广播影视出版社，2014年。